非线性控制
——以桥式吊车为例

何熊熊　武宪青　张胜增　著

科学出版社
北京

内 容 简 介

桥式吊车作为重要的货物运输工具，被广泛应用于生产车间、港口、仓库、建筑工地等众多场所。桥式吊车作为典型的非线性欠驱动系统，其控制量的个数少于系统自由度，给其控制器设计带来了极大的挑战。非线性控制方法是解决欠驱动桥式吊车控制问题的有效途径。本书是作者近年来的研究成果，主要内容包括增强阻尼的桥式吊车控制方法、基于分段控制分析的桥式吊车控制方法、增强抗摆的三维桥式吊车控制方法、部分受限的增强耦合控制方法、基于无源性的非线性控制方法等。

本书可作为控制科学、信息科学、计算机科学、电气工程等领域及交叉领域的科研和工程技术人员的参考书，也可作为相关专业高年级本科生和研究生的参考书。

图书在版编目(CIP)数据

非线性控制：以桥式吊车为例 / 何熊熊，武宪青，张胜增著. — 北京：科学出版社，2023.8

ISBN 978-7-03-076041-8

Ⅰ. ①非… Ⅱ. ①何… ②武… ③张… Ⅲ. ①桥式起重机－非线性控制系统－研究 Ⅳ. ①TH215

中国国家版本馆 CIP 数据核字(2023)第 135591 号

责任编辑：闫 悦 / 责任校对：胡小洁

责任印制：赵 博 / 封面设计：蓝正设计

科学出版社 出版

北京东黄城根北街 16 号

邮政编码：100717

http://www.sciencep.com

涿州市般润文化传播有限公司 印刷

科学出版社发行 各地新华书店经销

*

2023 年 8 月第 一 版 开本：720×1000 1/16

2024 年 3 月第二次印刷 印张：7 3/4

字数：153 000

定价：88.00 元

（如有印装质量问题，我社负责调换）

作 者 简 介

何熊熊，1997 年毕业于浙江大学工业自动化专业，获工学博士学位。现为浙江工业大学信息工程学院教授、博士生导师，担任中国自动化学会数据驱动控制、学习与优化专业委员会秘书长。主持国家自然科学基金面上项目 4 项、国家高技术研究发展计划(863 计划)1 项、国家科技支撑计划课题 1 项、浙江省重大科技专项重大社会发展项目 1 项；发表学术论文 100 余篇，其中 SCI 收录 50 余篇，出版专著 2 部，获授权国家发明专利 20 余项。

武宪青，2016 年毕业于浙江工业大学控制科学与工程专业，获工学博士学位。现为浙江理工大学信息科学与工程学院副教授，硕士生导师。

张胜增，2020 年毕业于浙江工业大学控制科学与工程专业，获工学博士学位。现为宁波工程学院机器人学院讲师。

前　　言

所有线性系统都是相似的，每一个非线性系统都有其独特的非线性。严格地讲，所有的控制系统本质上都是非线性的。自控制论诞生以来，非线性控制得到了空前的发展和完善，各种非线性控制方法纷纷涌现，形成了不同的领域和分支，它们从不同的角度解决了控制系统的问题、提升了控制系统的性能。

桥式吊车作为一种典型的非线性系统，其具有负载能力强、操作灵活、节能显著等优点，已经被广泛应用于工厂、车间、港口等诸多领域。然而，桥式吊车的欠驱动、强耦合、易受干扰等特性，给其控制方法设计带来了巨大的挑战。

由于上述这些优点和难点，桥式吊车的自动控制问题吸引了很多国内外学者的关注。从开环控制方法到闭环控制方法、从传统控制方法到智能控制方法、从一维桥式吊车到三维桥式吊车、从单摆效应桥式吊车到双摆效应桥式吊车等各种类型的综合设计问题，都得到了深入的研究，并已取得了丰硕的成果。

为了更好地促进桥式吊车非线性控制方法的研究及推广，本书基于非线性控制对桥式吊车的定位和消摆控制问题展开研究，全书共分 7 章。第 1 章为绪论，对桥式吊车的研究背景、研究意义进行介绍，并对国内外研究现状进行分析，给出本书的章节安排。第 2 章针对二维桥式吊车系统提出一种增强阻尼的控制方法。第 3 章通过分段控制分析的方式针对二维桥式吊车系统提出一种非线性控制方法。第 4 章针对三维桥式吊车提出一种既可用于轨迹跟踪控制，也可用于调节控制的增强抗摆控制策略。第 5 章通过构造新的储能函数设计一种非线性控制方法。第 6 章基于桥式吊车系统的无源性设计一种非线性控制策略。第 7 章对本书的主要成果进行总结，并对未来研究方向进行展望。本书的主要结果均通过严格的理论推导给出证明，并结合仿真和实验测试验证了其有效性。

本书的第 1 章～第 4 章、第 7 章由武宪青、何熊熊撰写，第 5 章和第 6 章由张胜增、何熊熊撰写。本书的出版离不开各部门单位和同行专家的支持，感谢对本书进行审阅并提出宝贵意见的各位专家。感谢南开大学机器人与信息自动化研究所提供的实验平台。特别感谢南开大学方勇纯教授、孙宁教授在本研究上给予的意见、建议和帮助。王宁教授、欧县华博士、姜倩茹博士对书稿的完善、出版给予了很多帮助，在此向他们表示深深的谢意。

本书的研究工作得到了“十二五”国家科技支撑计划课题项目（项目编号：2013BAF07B03）、国家自然科学基金项目（项目编号：62233016、61803339）、浙江省自然科学基金项目（项目编号：LY22F030014、LQ23F010024）的资助。

由于作者的水平有限，书中难免存在不当之处，敬请读者批评指正。

作　者

2023 年 2 月

目　录

第 1 章　绪　　论

起重机械，也称吊车，是指用于垂直升降或者垂直升降兼有水平移动重物的机电设备。根据国家质量监督检验检疫总局于 2014 年修订的《特种设备目录》，起重机械分类可分为：桥式吊车、门式吊车、塔式吊车、流动式吊车、门座式吊车、升降机、缆索式吊车、桅杆式吊车、机械式停车设备。吊车的任务是将机械设备或其他重物从初始位置运送到指定目标位置。多数吊车在吊具取料之后即开始垂直或垂直兼有水平的工作行程，到达目标位置以后卸载，即完成一次工作任务。虽然多数吊车存在结构庞大、作业环境复杂、需要多人配合、潜在许多偶发的危险因素等缺点，且吊车均为欠驱动系统，但是其具备载荷能力强、能耗低等诸多优点，因此，吊车在室内外工矿企业、现代化港口、钢铁化工、铁路枢纽、建筑工地以及旅游胜地等部门和场所均得到了广泛的应用。

桥式起重机械，也称为天车或桥式吊车，是吊车的一个重要分支，同时也是使用数量最多、范围最广的一类吊车，作为现代工业生产和起重运输中实现生产过程机械化、自动化的重要工具和设备，桥式吊车在车间、仓库、码头等诸多场所扮演着极其重要的角色。通常，普通桥式吊车(图 1.1)横架于仓库、厂房、码头和露天贮料场的上空，桥架的两端坐落于高大的水泥柱或金属轨道上。起重台车可以通过转动卷筒带动吊绳以升降负载，还可沿桥架做横向运行，桥架可沿铺设在两侧高架上的导轨纵向移动。和全驱动机械系统相比，桥式吊车系统提高了系统的载荷能力，减少了系统的能耗，简化了系统的机械结构，降低了设备的制作成本，同时也使得系统便于操作。因此，桥式吊车在各行业和各种场所都得到了广泛的应用，而且一直以来都是控制领域的研究热点之一。随着现代工业生产和起重运输中生产过程机械化、自动化要求的不断提高，亟待提出高效的自动控制方法以满足工业生产和日常生活中日益增长的搬运需求。

在桥式吊车系统的诸多控制问题中，台车定位和抑制并消除货物摆动是两个最为基本的任务。在实际应用过程中，一方面要求台车快速准确地到达目标位置；另一方面，在运送过程中，要求负载摆动尽可能地小，以避免其与周围其他的物体或人员发生碰撞。此外，还要求台车到达目标位置停止运动以后负载无残余摆动，这样才能快速地落吊而不影响吊车系统的运送效率。然而，由于桥式吊车是一种典型的非线性欠驱动系统，它的控制量个数少于其自由度，使其控制问题极具挑战性。对于桥式吊车系统自动控制的研究，面临以下三个具有挑战性的问题。

图 1.1　桥式吊车

(1) 欠驱动特性。在工作过程中，操作人员可直接控制重物的垂直升降和台车的水平运动，然而，对于负载的摆动只能通过台车的移动间接地进行控制。

(2) 强耦合性。系统状态之间存在非常强的耦合特性，给桥式吊车系统的定位消摆控制器设计带来了巨大的挑战。

(3) 不确定性。实际工业吊车系统存在一些难以用精确数学模型描述的不确定外界干扰的影响，这些实际问题增加了控制器设计的难度。

长期以来，绝大多数桥式吊车均由技术熟练的工人进行操作。人工操作的特点是系统的工作效率完全决定于操作工人的技术水平。此外，人工操作主要还存在以下问题：第一，对操作人员的技术水平要求较高，须经过专门的培训才能上岗；第二，系统的工作效率受操作人员情绪和身体状态影响较大；第三，无法在一些极端的场所进行工作，如核物质的运输。除上述问题以外，人工操作还存在诸多不足。因此，为了减少人工劳动，提高吊车系统的工作效率，缩短产品的生产周期，消除吊车系统工作过程中的安全隐患，扩大吊车平台的应用场所，增加企业的经济效益，亟待设计出性能良好的自动控制方法以取代人工操作。随着自动控制技术的完善与进一步发展，桥式吊车的自动控制将取代现有的人工操作而成为未来装卸搬运货物的主力，但这发生的前提是桥式吊车的自动控制能够得到突破、克服和解决目前所遇到的问题。

本书就桥式吊车的控制问题展开了深入研究。针对目前桥式吊车系统面临的问题，提出了一系列的控制策略，给出了相应的理论分析，为实现桥式吊车的自动控制，保证系统的工作效率和安全性能奠定了良好的技术支持。此外，桥式吊车的研究无论从理论研究还是实际应用方面均具有十分重要的意义。在理论研究方面，桥式吊车具有欠驱动系统的共性，其控制问题所面临的挑战性与倒立摆(inverted pendulum)[1-3]、杂技机器人(acrobot)[4-7]、车摆(cart-pendulum)系统[8-11]、具有旋转激励的平移振荡器(translational oscillations with a rotational actuator，TORA)系统[12-16]等其他欠驱动系统[17-25]类似，因此，本书为解决桥式吊车遇到的控制问题所提出的控制方法有望解决上述欠驱动系统的控制问题。不仅如此，本书的研究还有助于促进非线性欠驱动系统控制理论的完善与发展。在工程实践方面，本书所提控制方法均在实验平台上进行了实验验证，实验表明所提方法均简单易行，可方便地应用于实际工程吊车系统中。

1.1 系统建模

近几十年来，由于桥式吊车在诸多工业场所的广泛应用，桥式吊车系统的控制问题逐渐得到研究人员的关注，学者们采用不同的控制技术对桥式吊车进行了深入研究。下面对桥式吊车的研究现状归为五类进行阐述，即系统建模、轨迹规划方法、基于线性模型的反馈控制、基于非线性模型的反馈控制和智能控制。

系统模型的建立为系统动态特性的分析和控制器的设计奠定了基础，因此，建立更为精确的数学模型对于系统动态特性分析和控制器设计均具有重要的意义。除此以外，通过对桥式吊车系统模型的研究与分析还有助于理解系统内部的作用规律和系统状态之间的耦合关系。在现有针对桥式吊车系统建模的文献中，根据是否忽略吊绳的质量和柔性，桥式吊车系统的建模方法可分为两类[26]：分布质量(distributed-mass)建模和集中质量(lumped-mass)建模。

1.1.1 分布质量建模

在采用分布质量建模的过程中，通常假设悬挂负载所用吊绳为完全弹性、不可伸展的，吊钩和负载均看作质点[27]。在文献[28]中，D'Andrea-Novel 等学者假设吊绳各处与垂直方向均保持较小的夹角，通过在吊绳平衡点附近进行线性化，得到了桥式吊车的平面模型，但它未考虑负载动态。为此，Joshi 和 Rahn 等[29,30]在文献[28]的基础上，通过改变与负载质量有关的边界条件引入了负载的动态信息，重新建立了更为精确的桥式吊车系统模型，并根据所建立的数学模型设计了相应的控制器。然而，上述方法要求较小的台车位移和较小的吊绳摆角，可知其只能用于台车的目标位置附近，而且，仅当吊绳质量与负载质量相当时是有效的。文献[31]考虑吊绳的大摆角情形，利用 Rayleigh-Ritz 离散化方法为有限广义自由度的横向偏转吊绳建立了一个常微分方程模型，随后使用欧拉–拉格朗日方程获得了含有弹性吊绳的桥式吊车系统的非线性动态模型。近年来，部分学者针对桥式吊车的分布质量模型进行了动态特性分析和控制器设计。文献[32]针对弹性不一致的吊车系统提出了一种协同控制方法，可保证吊绳张力值保持在设定的范围内，利用积分–障碍 Lyapunov 函数(integral-barrier Lyapunov function)证明了闭环系统的稳定性，仿真结果验证了所提协同控制方法的控制性能。此外，文献[33-35]中还考虑了弹性吊绳长度可变的桥式吊车系统，即在运送过程中可进行负载的上升或下降操作。

对于上述这些建模方法，从实际应用角度出发，即使吊车工作于无负载情形下，吊钩质量的数量级显然大于吊绳质量的数量级。因此，在实际应用中，分布质量模型具有一定的局限性。

1.1.2 集中质量建模

系统动态特性分析和控制器设计中最常用的模型为集中质量模型。在根据集中质量建模时，假设台车与负载之间的吊绳为刚性的，并且通常忽略吊绳的质量，负载和吊钩作为整体被看作一个质点。

考虑到台车在运送负载的过程中部分吊车系统的吊绳长度是保持不变的，众多研究者对绳长固定的二维桥式吊车系统进行了动态分析和数学建模[36-38]。特别地，文献[36]假设负载和台车之间通过无质量的刚性绳连接，获得了绳长固定的二维桥式吊车系统的动力学方程，并根据该模型设计了一种自适应耦合控制器，理论证明能够保证定位误差和摆动角度最终均收敛至零。Qian 等[37,38]不考虑系统摩擦力，假设负载质量远大于吊绳质量，建立了系统的动态模型并设计了一种滑模控制器与模糊调节器结合的控制方法，其中模糊调节器用于调节滑模控制器的控制增益。鉴于这种固定绳长的二维桥式吊车模型分析简便，控制器设计相对容易，因此，许多学者在进行控制器设计时选择绳长固定的桥式吊车系统[39-46]。

上述模型假设运送过程中吊绳长度保持不变，即吊车的工作过程包含起吊、水平运输和落吊三个阶段，而且三个阶段依次进行。但是，三段式工作流程会降低吊车系统的工作效率。为了提高吊车系统的工作效率，许多文献对起吊/落吊和水平运输同时进行的变绳长二维桥式吊车系统展开了研究[47-52]。其中，Park 等[47]研究了既包含平面运动又包含升降运动的二维桥式吊车的建模问题，利用拉格朗日方程给出了系统的动态方程，并分析了可驱动动态与不可驱动动态之间的耦合关系，最终设计了一种新的反馈线性化控制策略。同样，针对兼有升降运动的二维桥式吊车系统，许多研究人员提出了性能良好的控制策略[48-52]。

考虑到吊车系统可能工作于三维空间中，文献[53,54]针对运送过程中绳长不变的三维桥式吊车系统进行了建模和控制器设计。在文献[53]中，考虑到在工业应用中台车加速度远小于重力加速度，因此运送过程中负载摆动较小，对三角函数在平衡点位置进行线性化处理和忽略部分耦合项，将得到的三维吊车模型化为由两个方向上结构相同的二维吊车系统组成。此外，文献[55]根据新定义的一个二自由度摆角为三维桥式吊车建立了一个新的动态模型，该模型描述了吊车系统的横向、纵向、起降运动以及起重台车运动所引起的负载摆动。文中分析了吊车系统的动态特性，通过将系统模型在平衡点附近进行线性化处理提出了一种解耦控制策略，实验结果表明所提方法不仅可使台车快速定位而且可快速消除负载摆动。Almutairi 和 Zribi[56]根据文献[55]所建立的三维吊车模型设计了一系列的滑模控制方法。Chen 等[57]根据拉格朗日方程对三维桥式吊车进行了系统建模，之后基于部分反馈线性化技术利用所建立的桥式吊车动力学模型提出了一种非线性控制策略，并给出了闭环系统的稳定性证明。同样，高丙团等学者[58]采用平面摆角的定义模式建立了更加简洁的三维桥式吊车非线性模型，同时给出了近似条件下的线性化模型以便于进行控制器设计。

上述文献分别对二维或三维桥式吊车的建模问题展开了深入的研究。但是，这些文献在建模时未考虑台车与导轨之间的摩擦力和空气阻力。基于上述发现，在文献[59]中，马博军等学者利用虚功原理建立了三维吊车系统的动力学模型。在该模型中，为了更精确地描述桥式吊车实际工作过程中的动态性能，文中不仅考虑了轨道的摩擦力，还考虑了空气阻力等不确定性外界干扰，最终通过MATLAB/Simulink 软件搭建了系统的仿真平台，并通过仿真测试验证了所建模型和平台的有效性。

1.2 轨迹规划方法

在工业吊车实际的应用过程中，与状态反馈控制(闭环控制)方法相比，轨迹规划①(开环控制)方法无须状态反馈机械[63]，更加易于实现，简化了系统的机械结构，可减少系统的硬件成本，因此其应用最为广泛。

针对桥式吊车所设计的轨迹规划方法中，输入整形(input shaping)[64,65]技术是最为常见的方法，也是消除负载摆动最有效的方法之一。输入整形技术是基于线性系统理论而得到的一种控制方法[66]，因此，首先需要将吊车系统的非线性动态模型进行线性化处理，然后进行输入整形器(input shaper)设计。其基本思想是利用后一个运动来抵消前一个运动引起的摆动，但实际上，系统并非通过脉冲信号进行移动，而是通过将一系列的脉冲序列与理想的命令进行卷积而得到实际的控制命令，其中，卷积时所用的脉冲信号被称为输入整形器[67-70]。

如果系统的自然频率(与吊绳长度有关)和阻尼系数精确已知，则可采用文献[70]中的零振动整形器(zero vibration，ZV)，该整形器由两个脉冲序列组成，可使得参数已知的吊车系统无残余振动。为了提高闭环系统对系统自然频率的鲁棒性，文献[71]提出了一系列对吊绳长度具有鲁棒性的输入整形器。不过，鲁棒输入整形器是通过牺牲系统的传输时间来提高系统的鲁棒性。此外，文献 [72]还将输入整形理论用于具有双摆效应②的桥式吊车的抗摆控制，设计出了一种混合输入整形器并取得了良好的消摆效果。上述输入整形方法均为开环控制方法，其控制性能极易受到外界干扰的影响。鉴于此，Garrido 等[73]考虑了存在外界干扰(如风、摩擦力等)情形下的桥式吊车系统。文献[74]将输入整形技术引入到闭环系统中，提出了一种反馈控制方法，并在工业桥式吊车上进行了性能测试，结果表明其控制效果良好。与常规闭环控制方法不同，该方法只需反馈负载的摆动信息，无须台车的位移或速度等状态信息，根据反馈得到的摆角信息智能地产生开/关运动指令以消除测量到的负载摆动。

除输入整形方法外，许多研究人员还根据吊车系统线性化的运动学方程提出了很多轨迹规划方法[75-78]。文献[79]通过分析负载摆动与台车加速度之间的

① 就现有针对桥式吊车系统而设计的轨迹规划方法而言，常用的方法均是开环控制方法。部分轨迹规划方法采用闭环控制，如文献[60-62]中预先设计一条台车运动轨迹，然后利用跟踪控制器对其进行跟踪。

② 当吊钩质量与负载质量相当或负载与吊钩不能视为一个质点时，吊钩与负载之间出现二级摆动的情形被称为双摆效应。

耦合关系，规划了一条台车加速度运动轨迹。该轨迹不仅考虑了吊车可提供的最大台车速度与加速度，而且还考虑了运送过程中负载的最大摆动约束。Zhang等[80]通过离线轨迹规划提出了一种新的时间最优轨迹规划方法。有别于现有的轨迹规划方法，该方法首先将系统运动学模型离散化处理，考虑有界负载摆角、有界台车速度、加速度和对应的加加速度(加速度导数)等约束条件，利用类凸优化技术求解满足上述约束的时间最小解。仿真和实验结果均表明该方法能保证上述约束条件。在文献[81]中，Wu和Xia利用离散化的吊车模型分别就运输安全、能量损耗和传送时间考虑引入了摆角最优模型、能量最优模型和时间最优模型，并在这三种模型的基础上提出了三种最优控制策略。

近年来也有一些学者通过分析具有双摆效应桥式吊车的运动学方程，针对其轨迹规划问题提出了一些行之有效的方法[82,83]。其中，文献[83]利用台车运动与负载/吊钩摆动之间的耦合关系，将消摆环节与定位参考轨迹结合提出了一种新的运动轨迹，其抗摆效果优于原定位参考轨迹。

1.3 控制方法

1.3.1 基于线性模型的反馈控制

与开环控制方法相比，虽然反馈控制方式对系统所使用的设备元件要求更高，闭环系统结构更加复杂，系统的性能分析和控制器设计也更为麻烦，但是按照反馈控制方式所组成的闭环控制系统具有较高的控制精度，而且具有抑制内、外扰动对被控量产生影响的能力。因此，反馈控制方式仍是一种重要的并被广泛应用的控制方式。根据系统模型是否进行线性化处理，反馈控制可分为基于线性模型的反馈控制和基于非线性模型的反馈控制。鉴于线性系统是最为简单和最为基本的一类动态系统，因此，学者们选择将吊车系统的非线性模型在其平衡点附近进行线性化处理，利用经典控制理论或线性系统理论对线性化的吊车系统进行控制器设计和稳定性分析[39,55,84-94]。

文献[84]和[85]借助Wolovich所提出的关于时变系统的状态反馈稳定理论设计了相应的控制方法，其假设吊绳长度为时变参数，通过一个Lyapunov变换使得所得到的闭环系统等价于一个具有期望特征值的稳定线性时不变系统，等价时不变系统的特征值决定了这种控制方法的控制效果。Giua等[86]则利用时间尺度(time-scaling)转换技术为绳长时变的三维桥式吊车设计了控制器和观测器。考虑执行器的饱和约束，文献[87]基于动态逆(dynamic inversion)理论提出了一种时间最优的控制方法。文献[88]针对吊车系统中存在干扰的情形，设计了一种延迟反馈信号控制器和一种滑模控制器，并在时域和频域分别对两种控制器的仿真结果进行了分析，研究表明这两种控制器均能够消除负载摆动并且抑制外界干扰。在文献[89]中，王伟等将桥式吊车系统分为两个子系统提出了一种分级滑模控制方法。该方法将系统状态分成两组，即分别按台车水平位移和负载摆角两组状态构造为第一级滑动平面，采用等效控制法计算各个子系统在滑动平面上的等效控制量；然后根据两个第一级滑动平面构造第二级滑动平面，并利用 Lyapunov 理论设计最终的控制量。为了提高系统的安全性能和降低系统能耗，Wu 等[91]首先将线性模型离散化，利用模型预测控制方法得到了一种能量最优的控制策略。除此之外，Vázquez 等[93,94]还考虑了安装在船舶上的吊车系统的负载摆动控制问题，为了避免参数共振(parametric resonance)现象，基于螺旋算法(twisting algorithm)设计了相应的控制器，实现了精确的负载移动。

1.3.2 基于非线性模型的反馈控制

随着电子计算机技术的发展和应用，线性控制方法已在宇宙航行、机器人控制、导弹制导以及核动力等多个领域得到了广泛的应用。然而，上述提及的各种线性控制方法均须对吊车系统模型在某些条件下做近似处理。在控制器设计过程中，忽略了系统的非线性因素，因此线性模型无法准确描述实际系统的动态。鉴于上述考虑，许多学者基于桥式吊车的非线性模型根据非线性控制理论提出了一系列的控制方法[95-98]。

具体而言，Fang 等分别针对二维[99]和三维桥式吊车系统[100]根据系统的无源性(passivity)提出了三种非线性控制方法，利用 Lyapunov 理论证明了闭环系统的稳定性，并通过仿真和实验测试验证了所提方法的有效性。Chwa 在文献[101]中针对三维桥式吊车系统提出了一种非线性跟踪控制器，该方法可工作于系统存在初始摆角和负载重量不确定的情形，然而，其假设实际桥架、台车和负载质量分别与标称桥架、台车和负载质量比例一致。基于吊车系统的无源特性，文献[102]在比例微分控制器(proportional-derivative，PD)的基础上添加了与负载摆动有关的耦合耗散项以提高闭环系统的抗摆效果。文献[103]则通过利用系统的无源特性重新构造了系统的能量函数，使得输出函数不仅包含台车运动信息而且包含负载的摆动信息。Liu 等[104]先利用坐标转换将吊车模型转换为上三角形式，随后基于非线性嵌套饱和及加幂积分器技术设计了一种有限时间控制器，通过理论分析证明该方法可保证闭环系统的有限时间稳定。

上述非线性控制方法均为基于精确模型(exact model knowledge)的设计方法，这些方法对系统参数依赖性强。为此，研究者们采用自适应控制(adaptive control)技术处理系统参数不确定问题[36,51,105-107]。文献[106]针对二维桥式吊车系统提出了一种基于耗散理论的自适应控制器，该方法可根据系统响应在线估计系统参数。文献[107]则针对三维桥式吊车进行了自适应控制器设计，对满足线性参数化条件(linear parameterization condition)的系统参数引入了自适应机制。此外，还有研究人员利用滑模控制(sliding mode control)对参数变化及扰动不灵敏等特点展开了对桥式吊车控制问题的研究[38,56,108-111]。其中，文献[108]针对一类二阶欠驱动系统提出了一种分层滑模控制方法并将其用于吊车的控制，取得了良好的控制效果。文献[109,110]则将部分反馈线性化技术与滑模控制方法结合分别针对二维和三维欠驱动桥式吊车系统提出了一种复合控制方法。在文献[111]中，Lu 等则利用类滑模的思想，首先引入了一个新型的流形面，然后设计相应的控制器，保证系统状态处于所引入的流形面上。除此之外，还有部分学者充分利用自适应控制和滑模控制两者的优点，将两者结合用于桥式吊车的定位和抗摆控制[50,112]。

1.3.3 智能控制

由于研究对象和实际系统具有非线性、时变性、不确定性、不安全性或大滞后等特性，无法准确地建立起描述它们运动规律和特性的数学模型，于是便失去了进行传统数学分析的基础。因此，将人工智能技术引入到控制领域，建立智能控制系统是众多学者一直以来关注和研究的问题。近年来，随着人工智能在各个领域的广泛应用，模糊控制(fuzzy control)、神经网络(neural network)、遗传算法(genetic algorithm)等智能控制方法也开始在桥式吊车控制领域崭露头角。

为了提高吊车系统的自学习能力，控制界学者在研究了模糊控制的基础上，提出了许多控制方案[53,113-120]。为了处理系统中可能存在的如系统参数不确定、未建模动态和外界干扰等不确定因素，文献[113]设计了一种模糊观测器，用于估计和补偿系统的不确定因素。文献[114]针对桥式吊车系统定位和抗摆两个基本控制目标，提出了两个子模糊控制器分别用于定位和抗摆控制。Chang[115]则利用台车位移信号和负载摆动信息设计了一种模糊控制器，并利用自适应算法调节系统的自由参数以降低计算复杂度。此外，还有部分专家选择将模糊控制与其他控制结合用于吊车的抗摆和定位控制[116-120]。尽管上述基于模糊控制的控制算法都取得了良好的仿真或实验结果，可是模糊规则的制定和调整十分困难，实际应用中势必会影响系统的工作效率。

神经网络具有万能逼近特性，可逼近外界干扰和不确定性，并加以补偿。因此，近来有学者利用神经网络的逼近特性来补偿吊车系统的不确定特性。如文献[121]设计了一个模糊小脑模型神经网络来补偿吊车系统中存在的不确定动态特性。Lee 等在文献[122]中利用神经网络的自学习能力与滑模控制的鲁棒性特点提出了一种复合控制器。

除上述两种神经网络方法外，还有部分专家将遗传算法[123]、差分进化[124]等其他智能算法用于欠驱动桥式吊车的控制。

1.3.4 研究现状分析

到目前为止，针对桥式吊车系统的建模、轨迹规划和控制器设计等问题，国内外的研究学者们付出了大量的努力，不仅为桥式吊车自动控制的研究奠定了基础，而且取得了一系列令人瞩目的研究成果。然而，根据桥式吊车的研究现状可知，仍有以下一些问题有待进一步研究。

(1) 现有大部分基于精确模型的桥式吊车防摆定位控制方法，如基于能量/无源性的方法，在构造能量函数时，主要是通过在原系统总机械能的基础上添加与台车运动有关的平方项以改善系统的暂态性能，或通过在 PD 控制器基础上添加与负载摆动有关的耦合耗散项来增强系统的抗摆效果。然而，这些方法未充分考虑台车运动与负载摆动之间的耦合关系，以至于所设计的方法虽然实现了台车的定位控制，但是其防摆控制效果差，导致台车到达目标位置以后不能快速落吊。因此，设计出一种抗摆和消摆性能好的控制策略，是提高吊车系统工作效率的基础。

(2) 近年来，许多专家针对桥式吊车提出了大量的轨迹规划方法，如本章 1.2 节所述，部分轨迹规划方法需采用跟踪控制器对其进行跟踪。然而，当前大多数吊车控制方法均为调节控制方法，其只能用于桥式吊车系统的调节控制，无法同时用于吊车系统的调节控制和轨迹跟踪控制。此外，已有轨迹跟踪控制方法大多是针对二维桥式吊车系统开发设计的。实际中的桥式吊车多是工作于三维空间中，在这些系统中，现有针对二维吊车系统开发的轨迹跟踪控制方法的控制性能不佳，甚至于失效。鉴于上述考虑，为了增加吊车系统的灵活性，使其可工作于多种情形，需要设计出一种针对三维桥式吊车的控制方法，其既可用于吊车的调节控制，也可用于吊车的轨迹跟踪控制。

(3) 国内外研究学者针对桥式吊车的研究工作主要集中于台车的定位和负载摆动的消除，其中，定位控制假设不同传送任务之间的传送距离差异微小。在吊车的实际应用过程中，即使对于同一个吊车系统，不同的运送任务，台车的目标位置也不同。对于现有关于三维桥式吊车的控制算法，若不同的运送任务之间台车目标位置发生较大变化时，需要重新调节控制器的控制增益。否则，随着台车目标位置的增大，传送过程中负载摆动的幅值会增大，使得吊车系统的安全性能降低。因此，为了提高吊车系统的工作效率和安全性能，考虑实际工作中可能遇到的影响系统整体效率的问题，如反复调节控制器的控制增益，亟待提出行之有效的控制策略，以弥补现有方法的上述不足。

根据桥式吊车自动控制的研究现状和存在的问题，受部分反馈线性化技术启发，本书将针对二维和三维桥式吊车的控制问题展开研究。

众所周知，反馈线性化是非线性控制中常用的一种设计方法，通常也称为精确线性化方法。这种方法的主要思想是把一个非线性系统转化为一个线性系统，以便应用成熟的线性系统理论解决非线性系统的控制问题。不同于普通的线性化(如雅可比近似线性化或通过泰勒级数展开的近似线性化)，反馈线性化并不是通过系统的线性逼近，其主要是在控制器设计过程中通过采用坐标变换和状态反馈等方法以补偿系统的非线性特性，从而将原非线性系统模型转化为一个简单的线性系统模型。因此，反馈线性化技巧可以看作是把原非线性系统模型等价地变换为相对简单的线性模型的一些手段。

作为一种基本的非线性控制系统的设计方法，反馈线性化方法近年来引起了大量研究者的关注[125]，并且在一些实际系统中，如机械臂、直升机控制等对象中得到了广泛应用。通常，全驱动机械系统模型可通过坐标变换以及非线性状态反馈补偿系统的非线性特性，从而将原非线性系统模型线性化得到一个简单的线性系统。然而，不同于全驱动机械系统，在一些情况下，欠驱动系统模型可通过非线性坐标变换实现系统的线性化；但是，大部分情况下欠驱动机械系统一般不可通过非线性坐标变换或状态反馈将原系统线性化。目前，许多学者通过部分反馈线性化进行控制器设计，部分反馈线性化理论已被广泛地应用于 Acrobot、Pendubot 和 Cart-Pole 等欠驱动系统[126-131]的控制。本书在现有部分反馈线性化理论的基础上，通过非线性状态反馈将原系统模型部分实现线性化，而后对桥式吊车系统进行控制器设计。

1.4　本书的主要内容

围绕 1.3 节中所提到的几个问题，本书将针对这些问题展开深入研究。具体而言，在二维桥式吊车的抗摆定位控制方面，首先提出了一种增强阻尼的控制策略；随后，基于分段控制分析的方式提出了一种新颖的非线性控制器。考虑到当前三维桥式吊车的轨迹跟踪控制存在的不足，为了提高吊车系统的灵活性，提出了一种增强抗摆的轨迹跟踪策略。紧接着，提出了一种部分受限的增强耦合控制方法和一种基于无源性的非线性控制方法。

本书各章节内容安排如下。

第 1 章简述了桥式吊车的概念、优越性和应用背景，并介绍了欠驱动桥式吊车系统的研究背景、研究意义以及国内外的研究现状。随后对当前研究工作存在的不足进行了分析，并给出了本书的研究方向。最后，概述了本书的研究内容和各章节的结构安排。

第 2 章针对运送过程中绳长固定的二维桥式吊车系统，提出一种增强阻尼的控制策略。具体而言，首先给出二维桥式吊车系统的动力学方程，并对模型进行简化整理。鉴于现有大部分控制方法的抗摆效果并不理想，为了增强闭环系统的抗摆和消摆效果，将基于一个与负载摆动相关的能量函数引入一个阻尼信号。根据所引入的阻尼信号，定义新的“虚拟”台车位置信号，将基本控制目标转换为新定义的“虚拟”台车信号的调节控制。随后，将“虚拟”台车信号代入原系统模型，并在此基础上进行 Lyapunov 函数的构造和控制器的设计。最后，利用 Lyapunov 理论和 LaSalle 不变性原理对系统的稳定性和系统状态的收敛性进行分析，并通过实验测试对所提控制方法的控制性能进行验证。

第 3 章通过分段控制的方式设计一个新的 Lyapunov 函数，进而提出一种新颖的非线性控制方法。具体而言，首先对吊车系统模型进行转换并对其系统特性进行分析。随后，采用分段控制分析的方法逐步构造 Lyapunov 函数且最终得到适合整体系统状态控制的能量函数，并在所构造 Lyapunov 函数的基础上进行非线性控制器的设计，保证 Lyapunov 函数衰减为零。最后，对闭环系统状态的渐近收敛性进行严格的数学分析，并给出相应的仿真与实验结果以验证所提方法的有效性。

第 4 章提出一种既可用于轨迹跟踪控制，也可用于调节控制的增强抗摆控制策略。具体而言，将给出三维桥式吊车的系统模型，并做简要的整理和分析。

为了有效抑制和消除负载摆动，基于系统模型引入一个新颖的抗摆信号。随后，基于所引入的抗摆信号定义新的定位误差信号，使得新的定位误差信号不仅包含台车位移信息，而且包含负载摆动信息。在所构造的定位误差信号基础上，设计一种增强抗摆的控制律。最后，借助小增益定理和 LaSalle 不变性原理对系统的性能进行分析，并通过实验测试对所设计方法的有效性进行验证。

第 5 章为了提高闭环系统的抗摆控制性能，提出了一种增强阻尼的控制方法。首先，基于互联阻尼矩阵分配方法构造了具有期望阻尼特性的 Lyapunov 函数。接着，设计了带有新复合信号的非线性控制方法，利用 Lyapunov 方法和 LaSalle 不变集原理证明了闭环系统在平衡点的渐近稳定性。最后给出了仿真与实验结果以验证所提方法的有效性。此外，为了验证所提方法的控制性能，本章给出了所提方法与部分现有方法的对比测试。

第 6 章提出一种基于系统无源性的增强耦合的非线性控制策略。具体而言，将给出二维桥式吊车的能量函数，并做简要的理论分析。为了有效抑制和消除负载摆动，对该能量函数进行了整形。随后，基于改进的储能函数，设计了一个结构简单的非线性控制器，引入新型的复合信号使得新的定位误差信号同时包含台车位移以及负载摆角，从而显著提高了系统的动态性能。利用 LaSalle 不变性原理对闭环系统的稳定性进行分析，并通过仿真与装置实验验证了所提方法的有效性。

第 7 章对本书内容进行了总结，并对未来的研究方向进行展望。

参考文献

[1] Park M S, Chwa D. Swing-up and stabilization control of inverted-pendulum systems via coupled sliding-mode control method[J]. IEEE Transactions on Industrial Electronics, 2009, 56(9): 3541-3555.

[2] Aguilar-Ibáñez C, Suarez-Castanon M S, Cruz-Cortés N. Output feedback stabilization of the inverted pendulum system: A Lyapunov approach[J]. Nonlinear Dynamics, 2012, 70(1): 767-777.

[3] 王家军, 刘栋良, 王宝军. X-Z 倒立摆的一种饱和非线性稳定控制方法的研究[J]. 自动化学报, 2013, 39(1): 92-96.

[4] Spong M W. The swing up control problem for the acrobot[J]. IEEE Control Systems, 1995, 15(1): 49-55.

[5] Mahindrakar A D, Astolfi A, Ortega R, et al. Further constructive results on interconnection and damping assignment control of mechanical systems: The acrobot

example[J]. International Journal of Robust and Nonlinear Control, 2006, 16(14): 671-685.

[6] Xin X, Yamasaki T. Energy-based swing-up control for a remotely driven acrobot: Theoretical and experimental results[J]. IEEE Transactions on Control Systems Technology, 2012, 20(4): 1048-1056.

[7] Zhang A, She J, Lai X, et al. Motion planning and tracking control for an acrobot based on a rewinding approach[J]. Automatica, 2013, 49(1): 278-284.

[8] Adhikary N, Mahanta C. Integral backstepping sliding mode control for underactuated systems: Swing-up and stabilization of the cart-pendulum system[J]. ISA Transactions, 2013, 52(6): 870-880.

[9] Soria-López A, Martínez-García J C, Aguilar-Ibañez C F. Experimental evaluation of regulated non-linear under-actuated mechanical systems via saturation-functions-based bounded control: The cart-pendulum system case[J]. IET Control Theory and Applications, 2013, 7(12): 1642-1650.

[10] Bettayeb M, Boussalem C, Mansouri R, et al. Stabilization of an inverted pendulum-cart system by fractional PI-state feedback[J]. ISA Transactions, 2014, 53(2): 508-516.

[11] Kai T, Bito K. A new discrete mechanics approach to swing-up control of the cart-pendulum system[J]. Communications in Nonlinear Science and Numerical Simulation, 2014, 19(1): 230-244.

[12] Quan Q, Cai K Y. Additive-state-decomposition-based tracking control for TORA benchmark[J]. Journal of Sound and Vibration, 2013, 332(20): 4829-4841.

[13] 许清媛, 杨智, 范正平, 等. 一种非线性观测器和能量结合的反馈控制系统[J]. 控制理论与应用, 2011, 28(1): 31-36.

[14] Celani F. Output regulation for the TORA benchmark via rotational position feedback[J]. Automatica, 2011, 47(3): 584-590.

[15] She J, Zhang A, Lai X, et al. Global stabilization of 2-DOF underactuated mechanical systems: An equivalent-input-disturbance approach[J]. Nonlinear Dynamics, 2012, 69(1): 495-509.

[16] Wu X, He X. Cascade-based control of a benchmark system[C]//Proceedings of the 28th Chinese Control and Decision Conference, Yinchuan, China, 2016: 5178-5182.

[17] Mehdi N, Rehan M, Malik F M, et al. A novel anti-windup framework for cascade control systems: An application to underactuated mechanical systems[J]. ISA Transactions, 2014, 53(3): 802-815.

[18] Hu Y, Yan G, Lin Z. Gait generation and control for biped robots with underactuation

degree one[J]. Automatica, 2011, 47(8): 1605-1616.

[19] Rudra S, Barai R K, Maitra M. Nonlinear state feedback controller design for underactuated mechanical system: A modified block backstepping approach[J]. ISA Transactions, 2014, 53(2): 317-326.

[20] Xu L, Hu Q. Output-feedback stabilisation control for a class of underactuated mechanical systems[J]. IET Control Theory and Applications, 2013, 7(7): 985-996.

[21] Lai X, Zhang A, Wu M, et al. Singularity-avoiding swing-up control for underactuated three-link gymnast robot using virtual coupling between control torques[J]. International Journal of Robust and Nonlinear Control, 2015, 25(2): 207-221.

[22] Mokhtari M R, Cherki B. A new robust control for minirotorcraft unmanned aerial vehicles[J]. ISA Transactions, 2015, 56: 86-101.

[23] Donaire A, Mehra R, Ortega R, et al. Shaping the energy of mechanical systems without solving partial differential equations[J]. IEEE Transactions on Automatic Control, 2016, 61(4): 1051-1056.

[24] Ramírez-Neria M, Sira-Ramírez H, Garrido-Moctezuma R, et al. A Linear active disturbance rejection control of underactuated systems: The case of the furuta pendulum[J]. ISA Transactions, 2014, 53(4): 920-928.

[25] Aguilar-Avelar C, Moreno-Valenzuela J. A composite controller for trajectory tracking applied to the furuta pendulum[J]. ISA Transactions, 2015, 57: 286-294.

[26] Abdel-Rahman E M, Nayfeh A H, Masoud Z N. Dynamics and control of cranes: A review[J]. Journal of Vibration and Control, 2003, 9(7): 863-908.

[27] D'Andréa-Novel B, Coron J M. Exponential stabilization of an overhead crane with flexible cable via a back-stepping approach[J]. Automatica, 2000, 36(3): 587-593.

[28] D'Andrea-Novel B, Boustany F, Conrad F. Control of An Overhead Crane: Stabilization of Flexibilities[M]//Zoléesio J P. Boundary Control and Boundary Variation. Lecture Notes in Control and Information Sciences, Berlin: Springer, 1992: 1-26.

[29] Joshi S, Rahn C D. Position control of a flexible cable gantry crane: Theory and experiment[C]//Proceedings of the 1995 American Control Conference, Seattle, WA, 1995: 2820-2824.

[30] Rahn C D, Zhang F, Joshi S, et al. Asymptotically stabilizing angle feedback for a flexible cable gantry crane[J]. Journal of Dynamic Systems, Measurement, and Control, 1999, 121(3): 563-566.

[31] Fatehi M H, Eghtesad M, Amjadifard R. Modelling and control of an overhead crane system with a flexible cable and large swing angle[J]. Journal of Low Frequency Noise,

Vibration and Active Control, 2014, 33(4): 395-409.

[32] He W, Ge S S. Cooperative control of a nonuniform gantry crane with constrained tension[J]. Automatica, 2016, 66: 146-154.

[33] D'Andréa-Novel B, Coron J M. Stabilization of an overhead crane with a variable length flexible cable[J]. Computational and Applied Mathematics, 2002, 21(1):101-134.

[34] Moustafa K A F, Gad E H, El-Moneer A M A, et al. Modelling and control of overhead cranes with flexible variable-length cable by finite element method[J]. Transactions of the Institute of Measurement and Control, 2005, 27(1): 1-20.

[35] Moustafa K A, Trabia M B, Ismail M I. Modelling and control of an overhead crane with a variable length flexible cable[J]. International Journal of Computer Applications in Technology, 2009, 34(3): 216-228.

[36] Yang J H, Yang K S. Adaptive coupling control for overhead crane systems[J]. Mechatronics, 2007, 17(2/3): 143-152.

[37] Qian D, Yi J, Zhao D. Control of overhead crane systems by combining sliding mode with fuzzy regulator[C]//Proceedings of the 18th IFAC World Congress, Milano, Italy, 2011: 9320-9325.

[38] Qian D, Yi J. Design of combining sliding mode controller for overhead crane systems[J]. International Journal of Control and Automation, 2013, 6(1): 131-140.

[39] Hoang N Q, Lee S G, Kim J J, et al. Simple energy-based controller for a class of underactuated mechanical systems[J]. International Journal of Precision Engineering and Manufacturing, 2014, 15(8): 1529-1536.

[40] Sun N, Fang Y, Wu X. An enhanced coupling nonlinear control method for bridge cranes[J]. IET Control Theory and Applications, 2014, 8(13): 1215-1223.

[41] 胡洲, 王志胜, 甄子洋. 带输入饱和的欠驱动吊车非线性信息融合控制[J]. 自动化学报, 2014, 40(7): 1522-1527.

[42] Wu X, He X, Ou X. A coupling control method applied to 2-D overhead cranes[C]//Proceedings of the 35th Chinese Control Conference, Chengdu, China, 2016:1658-1662.

[43] Omar F, Harib K H, Moustafa K A F. Control of interval parameter overhead cranes via Monte Carlo simulation[J]. Transactions of the Institute of Measurement and Control, 2011, 33(2): 260-273.

[44] Moustafa K A F, Harib K H, Omar F. Optimum controller design of an overhead crane: Monte Carlo versus pre-filter-based designs[J]. Transactions of the Institute of

Measurement and Control, 2013, 35(2): 219-226.

[45] 刘熔洁, 李世华. 桥式吊车系统的伪谱最优控制设计[J]. 控制理论与应用, 2013, 30(8): 981-989.

[46] Ma B, Fang Y, Zhang Y. Switching-based emergency braking control for an overhead crane system[J]. IET Control Theory and Applications, 2010, 4(9): 1739-1747.

[47] Park H, Chwa D, Hong K S. A feedback linearization control of container cranes: Varying rope length[J]. International Journal of Control, Automation, and Systems, 2007, 5(4): 379-387.

[48] Lee H H. A new design approach for the anti-swing trajectory control of overhead cranes with high-speed hoisting[J]. International Journal of Control, 2004, 77(10): 931-940.

[49] Le T A, Kim G H, Kim M Y, et al. Partial feedback linearization control of overhead cranes with varying cable lengths[J]. International Journal of Precision Engineering and Manufacturing, 2012, 13(4): 501-507.

[50] Tuan L A, Moon S C, Lee W G, et al. Adaptive sliding mode control of overhead cranes with varying cable length[J]. Journal of Mechanical Science and Technology, 2013, 27(3): 885-893.

[51] Sun N, Fang Y, Chen H, et al. Adaptive nonlinear crane control with load hoisting/lowering and unknown parameters: Design and experiments[J]. IEEE/ASME Transactions on Mechatronics, 2015, 20(5): 2107-2119.

[52] Sun N, Fang Y. Nonlinear tracking control of underactuated cranes with load transferring and lowering: Theory and experimentation[J]. Automatica, 2014, 50(9): 2350-2357.

[53] Liu D, Yi J, Zhao D, et al. Adaptive sliding mode fuzzy control for a two-dimensional overhead crane[J]. Mechatronics, 2005, 15(15): 505-522.

[54] Chang C Y, Hsu K C, Chiang K H, et al. An enhanced adaptive sliding mode fuzzy control for positioning and anti-swing control of the overhead crane system[C]//Proceedings of the 2006 IEEE International Conference on Systems, Man and Cybernetics, Taipei, Taiwan, 2006: 992-997.

[55] Lee H H. Modeling and control of a three-dimensional overhead crane[J]. Journal of Dynamic Systems, Measurement, and Control, 1998, 120(4): 471-476.

[56] Almutairi N B, Zribi M. Sliding mode control of a three-dimensional overhead crane[J]. Journal of Vibration and Control, 2009, 15(11): 1679-1730.

[57] Chen H, Gao B, Zhang X. Dynamical modelling and nonlinear control of a 3D crane[C]// Proceedings of the 2005 International Conference on Control and Automation, Budapest,

Hungary, 2005: 1805-1090.

[58] 高丙团, 陈宏钧, 张晓华. 龙门吊车系统的动力学建模[J]. 计算机仿真, 2006, 23(2): 50-52.

[59] Ma B, Fang Y, Zhang X, et al. Modeling and simulation for a 3D over-head crane[C]// Proceedings of the 7th World Congress on Intelligent Control and Automation, Chongqing, China, 2008: 2564-2569.

[60] Sun N, Fang Y, Zhang Y, et al. A novel kinematic coupling-based trajectory planning method for overhead cranes[J]. IEEE/ASME Transactions on Mechatronics, 2012, 17(1): 166-173.

[61] Fang Y, Ma B, Wang P, et al. A motion planning-based adaptive control method for an underactuated crane system[J]. IEEE Transactions on Control Systems Technology, 2012, 20(1): 241-248.

[62] Sun N, Fang Y, Chen H. A continuous robust antiswing tracking control scheme for underactuated crane systems with experimental verification[J]. Journal of Dynamic Systems, Measurement, and Control, 2016, 138(4): 041002.

[63] Sorensen K L, Singhose W, Dickerson S. A controller enabling precise positioning and sway reduction in bridge and gantry cranes[J]. Control Engineering Practice, 2007, 15(7): 825-837.

[64] Singer N C, Seering W P. Preshaping command inputs to reduce system vibration[J]. Journal of Dynamic Systems, Measurement, and Control, 1990, 112(1): 76-82.

[65] Singhose W. Command shaping for flexible systems: A review of the first 50 years[J]. International Journal of Precision Engineering and Manufacturing, 2009, 10(4): 153-168.

[66] Vaughan J, Kim D, Singhose W. Control of tower cranes with double-pendulum payload dynamics[J]. IEEE Transactions on Control Systems Technology, 2010, 18(6): 1345-1358.

[67] Singhose W, Seering W, Singer N. Residual vibration reduction using vector diagrams to generate shaped inputs[J]. Journal of Mechanical Design, 1994, 116(2): 654-659.

[68] Sorensen K L, Singhose W E. Command-induced vibration analysis using input shaping principles[J]. Automatica, 2008, 44(9): 2392-2397.

[69] Sung Y G, Singhose W E. Robustness analysis of input shaping commands for two-mode flexible systems[J]. IET Control Theory and Applications, 2009, 3(6): 722-730.

[70] Vaughan J, Yano A, Singhose W. Comparison of robust input shapers[J]. Journal of Sound and Vibration, 2008, 315(4/5): 797-815.

[71] Singhose W E, Porter L J, Singer N C. Vibration reduction using multi-hump extra-insensitive input shapers[C]//Proceedings of the 1995 American Control Conference,

Seattle, WA, 1995: 3830-3834.

[72] Masoud Z, Alhazza K, Abu-Nada E, et al. A hybrid command-shaper for double-pendulum overhead cranes[J]. Journal of Vibration and Control, 2014, 20(1): 24-37.

[73] Garrido S, Abderrahim M, Giménez A, et al. Anti-swinging input shaping control of an automatic construction crane[J]. IEEE Transactions on Automation Science and Engineering, 2008, 5(3): 549-557.

[74] Hekman K A, Singhose W E. A feedback control system for suppressing crane oscillations with on-off motors[J]. International Journal of Control, Automation, and Systems, 2007, 5(3): 223-233.

[75] Hoang N Q, Lee S G, Kim H, et al. Trajectory planning for overhead crane by trolley acceleration shaping[J]. Journal of Mechanical Science and Technology, 2014, 28(7): 2879-2888.

[76] Xie X, Huang J, Liang Z. Vibration reduction for flexible systems by command smoothing[J]. Mechanical Systems and Signal Processing, 2013, 39(1/2): 461-470.

[77] Lee H H. Motion planning for three-dimensional overhead cranes with high-speed load hoisting[J]. International Journal of Control, 2005, 78(12): 875-886.

[78] Blajer W, Kotodziejczyk K. Motion planning and control of gantry cranes in cluttered work environment[J]. IET Control Theory and Applications, 2007, 1(5): 1370-1379.

[79] Wu X, He X, Sun N. An analytical trajectory planning method for underactuated overhead cranes with constraints[C]//Proceedings of the 33rd Chinese Control Conference, Nanjing, China, 2014: 1966-1971.

[80] Zhang X, Fang Y, Sun N. Minimum-time trajectory planning for underactuated overhead crane systems with state and control constraints[J]. IEEE Transactions on Industrial Electronics, 2014, 61(12): 6915-6925.

[81] Wu Z, Xia X. Optimal motion planning for overhead cranes[J]. IET Control Theory and Applications, 2014, 8(17): 1833-1842.

[82] 孙宁, 方勇纯, 钱彧哲. 带有状态约束的双摆效应吊车轨迹规划[J]. 控制理论与应用, 2014, 31(7): 974-980.

[83] Zhang M, Ma X, Chai H, et al. A novel online motion planning method for double-pendulum overhead cranes[J]. Nonlinear Dynamics, 2016, 85(2): 1079-1090.

[84] 王立夫, 王向东, 孔芝. 基于时变模型变绳长吊车系统抗摆控制[C]//2006 中国控制与决策学术年会论文集, 2006: 97-101.

[85] Giua A, Seatzu C, Usai G. Observer-controller design for cranes via Lyapunov

equivalence[J]. Automatica, 1999, 35(4): 669-678.

[86] Giua A, Sanna M, Seatzu C. Observer-controller design for three dimensional overhead cranes using time-scaling[J]. Mathematical and Computer Model Ling of Dynamical Systems, 2001, 7(1): 77-107.

[87] Piazzi A, Visioli A. Optimal dynamic-inversion-based control of an overhead crane[J]. IEE Proceedings-Control Theory and Applications, 2002, 149(5): 405-411.

[88] Ahmad M A, Ismail RM T R, Nasir A N K, et al. Anti-sway control of a gantry crane system based on feedback loop approaches[C]//Proceedings of the 2009 IEEE/ASME International Conference on Advanced Intelligent Mechatronics, Singapore, 2009: 1094-1099.

[89] 王伟, 易建强, 赵冬斌, 等. 桥式吊车系统的分级滑模控制方法[J]. 自动化学报, 2004, 30(5): 784-788.

[90] Xi Z, Hesketh T. Discrete time integral sliding mode control for overhead crane with uncertainties[J]. IET Control Theory and Applications, 2010, 4(10): 2071-2081.

[91] Wu Z, Xia X, Zhu B. Model predictive control for improving operational efficiency of overhead cranes[J]. Nonlinear Dynamics, 2015, 79(4): 2639-2657.

[92] Jolevski D, Bego O. Model predictive control of gantry/bridge crane with anti-sway algorithm[J]. Journal of Mechanical Science and Technology, 2015, 29(2): 827-834.

[93] Vázquez C, Collado J, Fridman L. Control of a parametrically excited crane: A vector Lyapunov approach[J]. IEEE Transactions on Control Systems Technology, 2013, 21(6): 2332-2340.

[94] Vázquez C, Collado J, Fridman L. Super twisting control of a parametrically excited overhead crane[J]. Journal of the Franklin Institute, 2014, 351(4): 2283-2298.

[95] Singhal R, Patayane R, Banavar R N. Tracking a trajectory for a gantry crane: Comparison between IDA-PBC and direct Lyapunov approach[C]//Proceedings of the 2006 IEEE International Conference on Industrial Technology, Mumbai, 2006: 1788-1793.

[96] Aschemann H. Passivity-based control of an overhead travelling crane[C]//Proceedings of the 17th IFAC World Congress, Seoul, Korea, 2008: 7678-7683.

[97] Mehra R, Satpute S, Kazi F, et al. Geometric-PBC based control of 4-DOF underactuated overhead crane system[C]//Proceedings of the 21st International Symposium on Mathematical Theory of Networks and Systems, Groningen, The Netherlands, 2014: 1232-1237.

[98] Yu X, Lin X, Lan W. Composite nonlinear feedback controller design for an overhead crane servo system[J]. Transactions of the Institute of Measurement and Control, 2014,

36(5): 662-672.

[99] Fang Y, Zergeroglu E, Dixon W E, et al. Nonlinear coupling control laws for an overhead crane system[C]//Proceedings of the 2001 IEEE International Conference on Control Applications, Mexico City, Mexico, 2001: 639-644.

[100] Fang Y, Dixon W E, Dawson D M, et al. Nonlinear coupling control laws for an underactuated overhead crane system[J]. IEEE/ASME Transactions on Mechatronics, 2003, 8(3): 418-423.

[101] Chwa D. Nonlinear tracking control of 3-D overhead cranes against the initial swing angle and the variation of payload weight[J]. IEEE Transactions on Control Systems Technology, 2009, 17(4): 876-883.

[102] Konstantopoulos G C, Alexandridis A T. Simple energy based controllers with nonlinear coupled-dissipation terms for overhead crane systems[C]//Proceedings of the Joint 48th IEEE Conference on Decision and Control and 28th Chinese Control Conference, Shanghai, China, 2009: 3149-3154.

[103] Sun N, Fang Y. New energy analytical results for the regulation of underactuated overhead cranes: An end-effector motion-based approach[J]. IEEE Transactions on Industrial Electronics, 2012, 59(12): 4723-4734.

[104] Liu R, Li S, Ding S. Nested saturation control for overhead crane systems[J]. Transactions of the Institute of Measurement and Control, 2012, 34(7): 862-875.

[105] He W, Zhang S, Ge S S. Adaptive control of a flexible crane system with the boundary output constraint[J]. IEEE Transactions on Industrial Electronics, 2014, 61(8): 4126-4133.

[106] 马博军, 方勇纯, 王宇韬, 等. 欠驱动桥式吊车系统自适应控制[J]. 控制理论与应用, 2008, 25(6): 1105-1109.

[107] Yang J H, Shen S H. Novel approach for adaptive tracking control of a 3-D overhead crane system [J]. Journal of Intelligent & Robotic Systems, 2011, 62(1): 59-80.

[108] Wang W, Yi J, Zhao D, et al. Design of a stable sliding-mode controller for a class of second-order underactuated systems[J]. IEE Proceedings-Control Theory and Applications, 2004, 151(6): 683-690.

[109] Le T A, Lee S G, Moon S C. Partial feedback linearization and sliding mode techniques for 2D crane control[J]. Transactions of the Institute of Measurement and Control, 2014, 36(1): 78-87.

[110] Tuan L A, Lee S G, Ko D H, et al. Combined control with sliding mode and partial

feedback linearization for 3D overhead cranes[J]. International Journal of Robust and Nonlinear Control, 2014, 24(18): 3372-3386.

[111] Lu B, Fang Y, Sun N. A new sliding-mode like nonlinear controller for overhead cranes with smooth control inputs[C]//Proceedings of the 2016 American Control Conference, Boston, MA, 2016: 252-257.

[112] Tuan L A, Lee S G, Nho L C, et al. Model reference adaptive sliding mode control for three dimensional overhead cranes[J]. International Journal of Precision Engineering and Manufacturing, 2013, 14(8): 1329-1338.

[113] Park M S, Chwa D, Eom M. Adaptive sliding-mode antisway control of uncertain overhead cranes with high-speed hoisting motion[J]. IEEE Transactions on Fuzzy Systems, 2014, 22(5): 1262-1271.

[114] 刘殿通, 易建强, 谭民. 适于长距离运输的分段吊车模糊控制[J]. 控制理论与应用, 2003, 20(6): 908-912.

[115] Chang C Y. Adaptive fuzzy controller of the overhead cranes with nonlinear disturbance[J]. IEEE Transactions on Industrial Informatics, 2007, 3(2): 164-172.

[116] 徐致远, 李树江, 胡韶华, 等. 桥式吊车水平运行过程中智能消摆控制[C]//2005 中国控制与决策学术年会论文集, 2005: 1248-1250.

[117] Cho S K, Lee H H. A fuzzy-logic antiswing controller for three-dimensional overhead cranes[J]. ISA Transactions, 2002, 41(2): 235-243.

[118] Saadat M. Anti-swing fuzzy controller design for a 3D overhead crane[J]. Journal of Modern Processes in Manufacturing and Production, 2015, 4(2): 57-66.

[119] Park M S, Chwa D, Hong S K. Antisway tracking control of overhead cranes with system uncertainty and actuator nonlinearity using an adaptive fuzzy sliding-mode control[J]. IEEE Transactions on Industrial Electronics, 2008, 55(11): 3972-3984.

[120] Zhao Y, Gao H. Fuzzy-model-based control of an overhead crane with input delay and actuator saturation[J]. IEEE Transactions on Fuzzy Systems, 2012, 20(1): 181-186.

[121] Yu W, Moreno-Armendariz M A, Rodriguez F O. Stable adaptive compensation with fuzzy CMAC for an overhead crane[J]. Information Sciences, 2011, 181(21): 4895-4907.

[122] Lee L H, Huang P H, Shih Y C, et al. Parallel neural network combined with sliding mode control in overhead crane control system[J]. Journal of Vibration and Control, 2014, 20(5): 749-760.

[123] 李传宝, 丁庆安. 桥式吊车系统基于遗传算法的 LQR 控制[J]. 机械制造与自动化, 2007, 36(6): 17-19.

[124] Sun Z, Wang N, Bi Y, et al. A DE based PID controller for two-dimensional overhead

crane[C]//Proceedings of the 34th Chinese Control Conference, Hangzhou, China, 2015: 2546-2550.

[125] Isidori A. Nonlinear Control Systems[M]. 3rd ed. London: Springer-Verlag, 2000.

[126] Spong M W. Partial feedback linearization of underactuated mechanical systems[C]// Proceedings of the IEEE/RSJ International Conference on Intelligent Robots and Systems, Munich, Germany, 1994: 314-321.

[127] Spong M W. Energy based control of a class of underactuated mechanical systems[C]// Proceedings of the 13th IFAC World Congress, 1996: 431-435.

[128] Shiriaev A, Perram J W, Canudas-de-Wit C. Constructive tool for orbital stabilization of underactuated nonlinear systems: Virtual constraints approach[J]. IEEE Transactions on Automatic Control, 2005, 50(8): 1164-1176.

[129] Spong M W, Corke P, Lozano R. Nonlinear control of the reaction wheel pendulum[J]. Automatica, 2001, 37(11): 1845-1851.

[130] Zhao J, Spong M W. Hybrid control for global stabilization of the cart-pendulum system[J]. Automatica, 2001, 37(12): 1941-1951.

[131] Zhong W, Röck H. Energy and passivity based control of the double inverted pendulum on a cart[C]//Proceedings of the 2001 IEEE International Conference on Control Applications, Mexico City, Mexico, 2001: 896-901.

第 2 章　一种增强阻尼的桥式吊车控制方法

2.1 引　　言

由第 1 章的分析可知，鉴于固定绳长的二维桥式吊车动力学模型简单、系统动态分析及控制器设计相对容易，因此，许多研究人员考虑台车移动过程中吊绳长度保持不变的情形，然后对二维桥式吊车进行动态分析和控制器设计，并已取得了极为丰硕的研究成果。特别地，基于系统无源性的控制方法受到了广大研究学者的关注，并被广泛应用于基于欧拉-拉格朗日方法得到系统模型的机械、电气和机电系统中[1-4]。作为一种基于欧拉-拉格朗日方程得到的欠驱动系统，桥式吊车系统满足无源性并且系统模型具有斜对称(skew-symmetry)特性。吊车系统的上述特性使得其可通过改变系统总能量的势能来重新构造储能函数进而进行控制器设计，其中，“新”势能函数全局唯一最小值点需在理想平衡点位置。基于无源控制理论，已有许多学者进行了相关的研究[5-8]。文献[5]为桥式吊车构造了一个新的能量函数，使得系统关于可驱动和不可驱动状态是无源的，在此基础上提出了相应的控制策略。不过，在能量函数构造过程中需对系统模型进行线性化处理。在文献[7]中，基于桥式吊车的无源特性和系统状态之间的耦合关系，Fang 等设计出了三种控制方法。首先，从系统的机械角度出发，根据所引入的“新”势能函数，提出了一个简单的 PD 控制器；随后，在所构造的能量函数基础上，分别提出了能量平方耦合控制器和动能耦合控制器。文献[7]所提出的三种控制器中，PD 控制器虽然结构简单、便于实施，但其抗摆控制性能差；其余两种控制器通过增加非线性耦合项改善了系统的暂态性能，但其复杂的控制器结构使得其对系统参数的变化较为敏感，并且其能量函数的衰减速度仅与台车运动有关，使得控制器的抗摆效果并不理想。基于上述考虑，针对运送过程中绳长不变的桥式吊车系统，本章将提出一种增强阻尼的控制方法。本章通过引入一个阻尼信号增强闭环系统的抗摆和消摆效果，并将原系统转换为含有该阻尼信号的新系统，并在此新系统基础上提出一种控制策略。对于闭环系统平衡点的渐近稳定性，利用 Lyapunov 理论和 LaSalle 不变性原理进行分析证明。最后，利用实验平台对本章设计的控制方法进行测试。

本章其余部分安排如下：2.2 节给出二维桥式吊车系统的数学模型，为了方便控制器的设计和分析，对模型进行合理简化，并根据实际情况对运送过程中负载摆角范围进行假设；2.3 节给出详细的控制器设计过程，并对闭环系统的稳定性进行分析；2.4 节给出本章所提控制器的实验测试结果，并对结果进行分析说明；2.5 节对本章工作进行简要总结。

2.2 问题描述

在本节中，将给出固定绳长的二维桥式吊车系统的动力学模型，并对系统模型进行简化整理。根据系统的实际工作情况，对运送过程中的负载摆角范围做出恰当的假设。最后，给出系统控制目标的数学表达式。

考虑如图 2.1 所示的二维桥式吊车，其中，台车可沿桥架来回移动用于完成运送负载的任务。通过使用欧拉–拉格朗日建模方法可求得二维桥式吊车的动力学模型，其具体表达式如下所示[9-11]：

$$(M+m)\ddot{x}+ml\ddot{\theta}\cos\theta-ml\dot{\theta}^2\sin\theta=F_x \tag{2.1}$$

$$ml^2\ddot{\theta}+ml\ddot{x}\cos\theta+mgl\sin\theta=0 \tag{2.2}$$

其中，M 与 m 分别表示台车质量与悬挂负载的质量，悬挂吊绳的长度为 l，由重力而产生的加速度为 g，$x(t)$ 与 $\theta(t)$ 分别表示台车距离初始位置的位移和吊绳关于竖直方向的夹角(图 2.1)，$F_x(t)$ 表示作用于台车的合力，其由电机所提供的驱动力 $F_{ax}(t)$ 和台车与桥架之间的摩擦力 $F_{rx}(t)$ 两部分组成：

$$F_x=F_{ax}-F_{rx} \tag{2.3}$$

受文献[12]启发，本章选择如下模型对摩擦力进行前馈补偿：

$$F_{rx}(\dot{x})=F_{r0x}\tanh\left(\frac{\dot{x}}{\mu_x}\right)-k_{rx}|\dot{x}|\dot{x} \tag{2.4}$$

其中，$F_{r0x},\mu_x,k_{rx}\in\mathbb{R}$ 代表摩擦力参数。

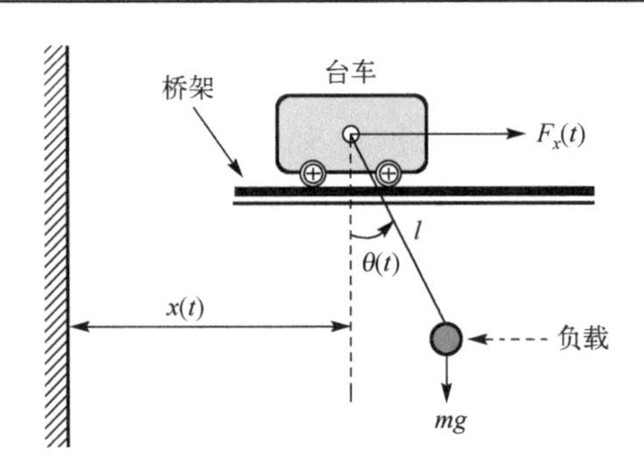

图 2.1　二维桥式吊车系统示意图

为了便于随后的控制器设计和稳定性分析，在运动学方程(2.2)两边同时除以 ml，可得如下方程：

$$l\ddot{\theta}+\ddot{x}\cos\theta+g\sin\theta=0 \tag{2.5}$$

根据式(2.5)可将方程(2.1)化为如下形式：

$$m(\theta)\ddot{x}+\zeta(\theta,\dot{\theta})=F_x \tag{2.6}$$

其中，辅助函数 $m(\theta)$ 与 $\zeta(\theta,\dot{\theta})$ 的具体表达式如下：

$$m(\theta)=M+m\sin^2\theta \tag{2.7}$$

$$\zeta(\theta,\dot{\theta})=-m\sin\theta(g\cos\theta+l\dot{\theta}^2) \tag{2.8}$$

考虑到二维桥式吊车系统的实际工作情况，针对台车传送过程中悬挂吊绳与竖直方向的摆角做如下假设[13-16]。

假设 2.1　针对二维桥式吊车，在台车运送负载的过程中，负载吊绳与竖直方向的夹角满足：

$$-\frac{\pi}{2}<\theta(t)<\frac{\pi}{2},\quad \forall t\geqslant 0 \tag{2.9}$$

即负载吊绳始终处于桥架的下方。

对于二维桥式吊车系统，其控制目标是通过控制台车的运动来完成运送负载的任务。具体而言，一方面要求台车尽可能快地将负载运送至目标位置；另一方面要求通过控制台车的运动间接控制负载的摆动，并且当台车到达目标位置以后保证负载无摆动，即

$$\lim_{t\to\infty}x(t)\to p_{dx},\quad \lim_{t\to\infty}\theta(t)\to 0 \tag{2.10}$$

其中，p_{dx} 表示台车的目标位置。

2.3　控制器设计与稳定性分析

在本节中，首先会引入阻尼信号、“虚拟”台车位移信号及相应的新的定位误差信号；随后，将所得信号代入原系统模型以替代实际的台车位置信号；最后，在整理得到的系统模型上进行储能函数构造和控制器设计，并通过 Lyapunov 方法对闭环系统的稳定性进行分析。

2.3.1　阻尼信号设计

众所周知，虽然欠驱动吊车系统的定位控制易于实现，但不同于全驱动系统，鉴于吊车系统的欠驱动特性，使得其只能通过台车的移动间接地对负载摆动进行控制，这样增加了其控制难度。为实现上述抑制并消除负载摆动的控制目标，考虑如下与负载摆动有关的储能函数：

$$V_\theta(t)=\frac{1}{2}l\dot{\theta}^2+g(1-\cos\theta)\geqslant 0 \tag{2.11}$$

对式(2.11)两边关于时间进行求导，并联合式(2.5)进行整理可得

$$\dot{V}_\theta(t)=\dot{\theta}(l\ddot{\theta}+g\sin\theta)=-\ddot{x}\dot{\theta}\cos\theta \tag{2.12}$$

由式(2.12)可知，为了有效抑制传送过程中产生的负载摆动，需要添加满足如下关系的阻尼信号 $\ddot{x}_s(t)$：

$$-\ddot{x}_s\dot{\theta}\cos\theta\leqslant 0 \tag{2.13}$$

根据不等式(2.13)，定义如下阻尼信号：

$$\ddot{x}_s:=\dot{\theta}\cos\theta \tag{2.14}$$

对上述阻尼信号式(2.14)关于时间连续积分两次可得

$$\begin{aligned}\dot{x}_s&=\sin\theta\\ x_s&=\int_0^t\sin\theta(\tau)\mathrm{d}\tau\end{aligned} \tag{2.15}$$

不失一般性，假设系统的初始状态为 $x(0)=0$，$\dot{x}(0)=0$，$\theta(0)=0$，$\dot{\theta}(0)=0$。

基于所引入的信号式(2.14)、式(2.15)，定义如下新的“虚拟”台车位置信号 $\chi(t)$ 和相应的误差信号 $\xi(t)$ 及其导数：

$$\chi = x - \lambda x_s \tag{2.16}$$

$$\xi = \chi - p_{dx},\quad \dot{\xi} = \dot{\chi} \tag{2.17}$$

$$\ddot{\xi} = \ddot{\chi} = \ddot{x} - \lambda \dot{\theta} \cos\theta \tag{2.18}$$

其中，$\lambda \in \mathbb{R}^+$ 表示正的控制参数，p_{dx} 为台车需要到达的目标位置。根据式(2.18)，方程(2.5)和方程(2.6)可改写为如下形式：

$$\ddot{\chi}\cos\theta + \lambda\dot{\theta}\cos^2\theta + l\ddot{\theta} + g\sin\theta = 0 \tag{2.19}$$

$$m(\theta)\cdot(\ddot{\chi} + \lambda\dot{\theta}\cos\theta) + \zeta(\theta,\dot{\theta}) = F_x \tag{2.20}$$

式(2.20)中，$m(\theta)$ 与 $\zeta(\theta,\dot{\theta})$ 分别为式(2.7)与式(2.8)所定义的辅助函数。

2.3.2　Lyapunov 函数构造和控制器设计

在本节，我们将根据所得吊车系统动力学方程(2.19)和方程(2.20)，通过分段控制分析为系统构造一个新的 Lyapunov 函数；随后，在所构造的 Lyapunov 函数的基础之上进行控制器设计。

首先，考虑变量 $(\dot{\chi},\theta,\dot{\theta})$ 的镇定控制，基于所引入的信号 $\dot{\chi}(t)$ 及方程(2.19)和方程(2.20)，引入如下能量函数：

$$V_1(t) = \frac{k_p}{2}\dot{\chi}^2 + \frac{k_E}{2}l\dot{\theta}^2 + k_E g(1-\cos\theta) \tag{2.21}$$

对式(2.21)两边关于时间进行求导，并利用方程(2.19)进行整理后可得

$$\dot{V}_1(t) = \ddot{\chi}(k_p\dot{\chi} - k_E\dot{\theta}\cos\theta) - \lambda k_E\dot{\theta}^2\cos^2\theta \tag{2.22}$$

基于上述结论式(2.22)可方便地进行控制器设计，使得 $V_1(t)$ 衰减为零。

接下来，在上述所构造的能量函数基础上，若要实现台车的定位目标，需构造一个含有台车定位误差相关项的 Lyapunov 能量函数。受此启发，观察式(2.22)可知存在如下关系：

$$\int_0^t (k_p\dot{\chi} - k_E\dot{\theta}\cos\theta)\mathrm{d}\tau = \int_0^t (k_p\dot{\xi} - k_E\dot{\theta}\cos\theta)\mathrm{d}\tau = k_p\xi - k_E\sin\theta \tag{2.23}$$

基于上述关系式(2.23)和所构造的能量函数式(2.21)，引入 $k_p\xi - k_E\sin\theta$ 的二次项，可得如下 Lyapunov 候选函数：

$$V(t) = \frac{1}{2}(k_p\xi - k_E\sin\theta)^2 + \frac{k_p}{2}\dot{\chi}^2 + \frac{k_E}{2}l\dot{\theta}^2 + k_E g(1-\cos\theta) \geqslant 0 \tag{2.24}$$

对式(2.24)两边关于时间进行求导，并将式(2.22)结论代入结果表达式可得

$$\dot{V}(t) = (k_p\xi - k_E\sin\theta + \ddot{\chi})(k_p\dot{\chi} - k_E\dot{\theta}\cos\theta) - \lambda k_E\dot{\theta}^2\cos^2\theta \tag{2.25}$$

至此，结合式(2.25)的结论和方程(2.20)，设计如下非线性控制器：

$$F_x(t) = m(\theta)[-k_d(k_p\dot{\chi} - k_E\dot{\theta}\cos\theta) - (k_p\xi - k_E\sin\theta) + \lambda\dot{\theta}\cos\theta] + \zeta(\theta,\dot{\theta}) \tag{2.26}$$

其中，$k_p, k_d, k_E \in \mathbb{R}^+$ 为正的控制增益，$m(\theta)$ 和 $\zeta(\theta,\dot{\theta})$ 分别为式(2.7)与式(2.8)所定义的辅助函数。

2.3.3　稳定性分析

定理 2.1　在非线性增强阻尼控制器式(2.26)的作用下，闭环系统式(2.1)～式(2.2)的状态会随着时间的推移渐近收敛到平衡点位置，即

$$\lim_{t\to\infty}[x(t)\quad \dot{x}(t)\quad \theta(t)\quad \dot{\theta}(t)]^{\mathrm{T}} = [p_{dx}\quad 0\quad 0\quad 0]^{\mathrm{T}} \tag{2.27}$$

证明　为证明定理 2.1，选取式(2.24)所给出的半正定函数为 Lyapunov 函数：

$$V(t) = \frac{1}{2}(k_p\xi - k_E\sin\theta)^2 + \frac{k_p}{2}\dot{\chi}^2 + \frac{k_E}{2}l\dot{\theta}^2 + k_E g(1-\cos\theta) \geqslant 0 \tag{2.28}$$

对式(2.28)两边关于时间进行求导，将所提非线性增强阻尼控制器式(2.26)代入结果表达式并进行整理可得

$$\dot{V}(t) = -k_d(k_p\dot{\chi} - k_E\dot{\theta}\cos\theta)^2 - \lambda k_E\dot{\theta}^2\cos^2\theta \leqslant 0 \tag{2.29}$$

结果表明闭环系统式(2.1)～式(2.2)在平衡点位置是 Lyapunov 意义下稳定的[17]。因此可以得出 Lyapunov 候选函数 $V(t)$ 有界，即

$$V(t) \in \mathcal{L}_\infty \tag{2.30}$$

联合式(2.15)、式(2.26)和式(2.28)可进一步得出如下结论：

$$x(t), \dot{x}(t), \theta(t), \dot{\theta}(t), \int_0^t \sin\theta(\tau)\mathrm{d}\tau, \xi(t), \dot{\chi}(t), F_x(t) \in \mathcal{L}_\infty \tag{2.31}$$

为完成定理 2.1 的证明，定义如下集合：

$$\mathcal{S} = \{(x \quad \dot{x} \quad \theta \quad \dot{\theta}) \mid \dot{V}(t) = 0\} \tag{2.32}$$

并定义 $\mathcal{M}$ 为集合 $\mathcal{S}$ 中的最大不变集。根据式(2.29)可知，在不变集 $\mathcal{M}$ 中有如下结论：

$$k_p\dot{\chi} - k_E\dot{\theta}\cos\theta = 0,\ \dot{\theta}\cos\theta = 0 \tag{2.33}$$

由假设 2.1 可知 $\cos\theta \neq 0$。因此，根据式(2.33)可进一步得到如下结果：

$$\dot{\chi} = 0, \quad \dot{\theta} = 0 \Rightarrow \dot{x} - \lambda\sin\theta = 0, \quad \ddot{\chi} = 0, \quad \ddot{\theta} = 0 \tag{2.34}$$

将式(2.34)的结论代入式(2.19)并进行整理可得

$$g\sin\theta = 0 \Rightarrow \theta = 0 \tag{2.35}$$

联合式(2.34)的结论及 $\dot{x} - \lambda\sin\theta = 0$ 可推知

$$\dot{x} = 0 \tag{2.36}$$

将控制器 $F_x(t)$ 的表达式(2.26)代入式(2.20)，两边同时除以 $m(\theta)$ 并整理可得

$$\ddot{\chi} = -(k_p\xi - k_E\sin\theta) - k_d(k_p\dot{\chi} - k_E\dot{\theta}\cos\theta) \tag{2.37}$$

根据上述式(2.34)～式(2.37)的结论，可知在集合 $\mathcal{M}$ 中有如下结论：

$$\xi = 0 \Leftrightarrow x - \lambda\int_0^t \sin\theta(\tau)\mathrm{d}\tau - p_{dx} = 0 \tag{2.38}$$

为了证明台车最终将到达目标位置 p_{dx}，需证明所构造的信号 $\int_0^t \sin\theta(\tau)\mathrm{d}\tau$ 不影响台车的定位。为此，考虑到台车的加速度通常满足[18,19]：

$$\max|\ddot{x}(t)| \ll g \tag{2.39}$$

因此，存在如下近似关系：

$$\sin\theta\approx\theta,\quad \cos\theta\approx 1 \tag{2.40}$$

基于上述近似关系式(2.40)，运动学方程(2.5)可写为如下近似方程[20-24]：

$$l\ddot{\theta}+\ddot{x}+g\theta=0 \tag{2.41}$$

意味着

$$\theta=-\frac{l\ddot{\theta}+\ddot{x}}{g} \tag{2.42}$$

对式(2.42)两边关于时间取极限，并联合式(2.34)和式(2.36)的结论可得

$$\begin{aligned}\lim_{t\to\infty}\int_0^t \sin\theta(\tau)\mathrm{d}\tau&=\lim_{t\to\infty}\int_0^t \theta(\tau)\mathrm{d}\tau\\&=-\frac{1}{g}\lim_{t\to\infty}\{l[\dot{\theta}(t)-\dot{\theta}(0)]+[\dot{x}(t)-\dot{x}(0)]\}=0\end{aligned} \tag{2.43}$$

故有

$$\lim_{t\to\infty}\xi(t)=0\Leftrightarrow\lim_{t\to\infty}x(t)=p_{dx} \tag{2.44}$$

综合上述理论分析过程可知，闭环系统状态渐近收敛于平衡点，即最大不变集 $\mathcal{M}$ 仅包含平衡点 $[x(t)\quad \dot{x}(t)\quad \theta(t)\quad \dot{\theta}(t)]^{\mathrm{T}}=[p_{dx}\quad 0\quad 0\quad 0]^{\mathrm{T}}$。借助 LaSalle 不变性原理[17]可证得定理 2.1 结论式(2.27)。证毕。

注 2.1　在实际应用过程中，台车加速度通常满足 $\max|\ddot{x}(t)|\ll g$ 以确保台车运送货物过程中的平稳性和安全性。在这种情况下，三角函数近似 $\sin\theta\approx\theta$ 和 $\cos\theta\approx 1$ 成立。若上述近似假设不成立，那么所构造的阻尼信号可能会引起台车定位误差。针对这种情形，可通过改变运送末端阻尼信号 λx_s 的值予以消除所引起的定位误差。在本文中，当 $t\geqslant t_s$ 时，使用 $\lambda x_s\exp[\alpha(t_s-t)]$ 替代 λx_s，其中，α 是一个正的常数，t_s 为切换时间。

2.4　实验结果与分析

为了测试非线性增强阻尼控制器式(2.26)的控制性能，接下来将利用如图 2.2 所示的桥式吊车实验平台通过两组实验来验证所提方法式(2.26)的有效性和鲁棒性。具体而言，在第一组实验中，本章方法将与已有方法的实际性能进行对比；第二组实验将验证本章方法对不确定系统参数及外界干扰的鲁棒性。

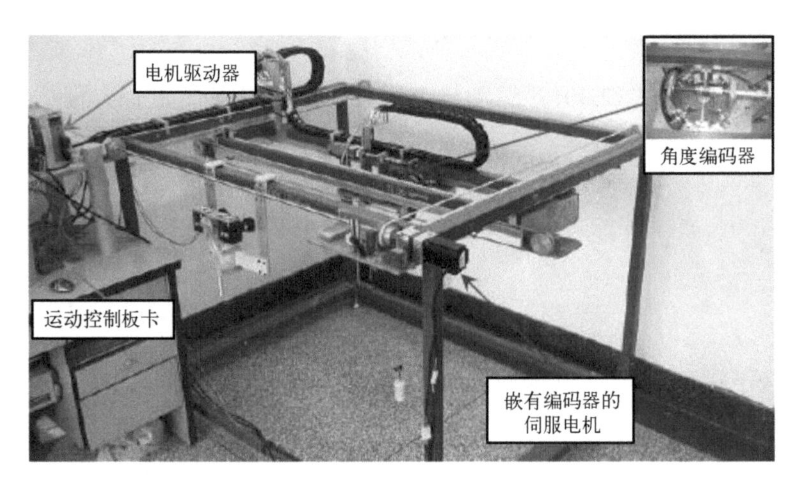

图 2.2 桥式吊车实验测试平台

2.4.1 对比测试

在本组对比实验测试中，桥式吊车平台的物理参数设置如下：

$$M = 7\text{kg}, \quad m = 1.025\text{kg}, \quad l = 0.6\text{m}, \quad g = 9.8\text{m/s}^2 \tag{2.45}$$

台车的目标位置设置为

$$p_{dx} = 0.6\text{m} \tag{2.46}$$

吊车平台可提供的台车最大速度及最大加速度分别为

$$v_{\max} = 0.24\text{m/s}, \quad a_{\max} = 0.54\text{m/s}^2 \tag{2.47}$$

经反复实验测试后，摩擦力模型式(2.4)中摩擦参数 $F_{r0x}, \mu_x, k_{rx} \in \mathbb{R}$ 的值选取为

$$F_{r0x} = 4.4, \quad \mu_x = 0.01, \quad k_{rx} = -0.5 \tag{2.48}$$

在本组对比实验测试中，选取文献[25]中的开环控制方法特别不敏感(extra-insensitive，EI)整形控制方法、文献[7]与文献[26]中的闭环控制方法动能耦合控制器和滑模控制器进行对比，其具体表达式分别如下。

①动能耦合控制器 $F_{\text{tke}}(t)$：

$$F_{\text{tke}} = \frac{-k_p e - k_d \dot{x} + k_v[\zeta(\theta,\dot{\theta}) - m\dot{x}\dot{\theta}\sin\theta\cos\theta]}{k_E + k_v} \tag{2.49}$$

其中，$e(t)=x(t)-p_{dx}$ 表示台车定位误差，$\zeta(\theta,\dot{\theta})$ 为式(2.8)定义的辅助函数。

②滑模控制器 $F_{\mathrm{smc}}(t)$：

$$F_{\mathrm{smc}}=-\frac{m(\theta)l}{l-\lambda_{21}\cos\theta}\left[k_s\operatorname{sgn}(s)-k_{11}\dot{x}-k_{21}\dot{\theta}+\frac{\lambda_{21}g}{l}\sin\theta\right]+\zeta(\theta,\dot{\theta}) \tag{2.50}$$

其中，$s=\dot{x}+k_{11}e+\lambda_{21}\dot{\theta}+k_{21}\theta$ 表示滑模面，$m(\theta)$ 为式(2.7)所定义的辅助函数。为防止抖振，实验中采用函数 $\tanh(10s)$ 替代符号函数 $\operatorname{sgn}(s)$。

③EI 整形控制方法：

$$\mathrm{EI}=\begin{bmatrix}A_i\\ t_i\end{bmatrix}=\begin{bmatrix}\dfrac{1+V_{\mathrm{tol}}}{4} & \dfrac{1-V_{\mathrm{tol}}}{2} & \dfrac{1+V_{\mathrm{tol}}}{4}\\ 0 & \dfrac{\tau}{2} & \tau\end{bmatrix} \tag{2.51}$$

其中，V_{tol} 表示残余摆动容许度，实验中选取为 5%，τ 为系统的无阻尼振荡周期。

经过充分调试后，本章方法式(2.26)的控制增益选取为

$$k_p=3.6,\quad k_d=1.5,\quad k_E=2,\quad \lambda=1.2 \tag{2.52}$$

动能耦合控制器式(2.49)的控制增益选取为

$$k_p=53,\quad k_d=8,\quad k_E=1.1,\quad k_v=2 \tag{2.53}$$

滑模控制器式(2.50)的控制增益选取为

$$k_{11}=1.2,\quad k_{21}=-2,\quad k_s=1.2,\quad \lambda_{21}=0.2 \tag{2.54}$$

该部分实验结果如图 2.3～图 2.6 所示，图中绘制了在不同控制器作用下台车位移 $x(t)$、负载摆角 $\theta(t)$ 以及控制量 $F_x(t)$ 随时间变化的曲线，其中，长虚线表示台车的目标位置。由图 2.3～图 2.6 可知，在不同控制方法的作用下，台车均可被运送至目标位置。通过对比图 2.3～图 2.6 实验结果易得，在台车定位控制方面，开环控制 EI 整形控制方法的暂态控制性能优于其他三种闭环控制方法；在抑制负载摆动方面，从图 2.4 可以看出，在文献[7]动能耦合控制器式(2.49)的作用下，当台车到达目标位置以后，负载存在严重的残余摆动，导致实际应用中系统不能及时落吊，此类情形会降低吊车系统的运送效率；对于其他两种现有方法式(2.50)和式(2.51)，从图 2.5 和图 2.6 实验结果可知，台车到达目标位置以后负载均存在残余摆动；相比已有控制方法，本方法表现出优越的抗摆和消摆的控

制性能，在台车运送负载过程中，负载摆动幅值约 2.5°，且当负载被运送至目标位置上方后几乎无残余摆动，可快速落吊而不影响系统的整体效率。

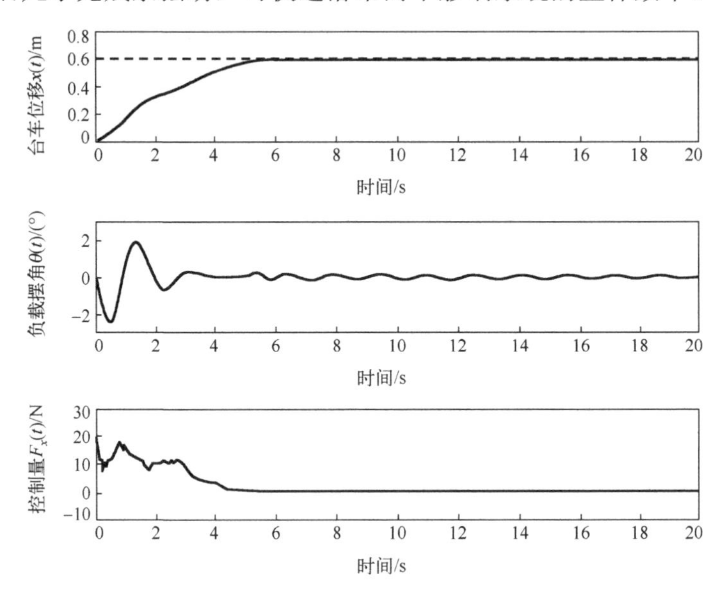

图 2.3　本章控制方法式(2.26)

（实线：实验结果，长虚线：目标位置 $p_{dx}=0.6\mathrm{m}$）

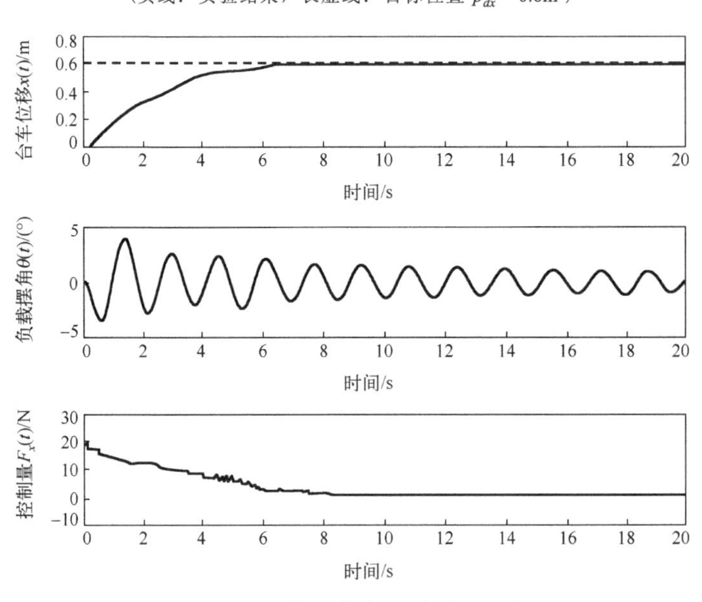

图 2.4　文献[7]控制方法式(2.49)

（实线：实验结果，长虚线：目标位置 $p_{dx}=0.6\mathrm{m}$）

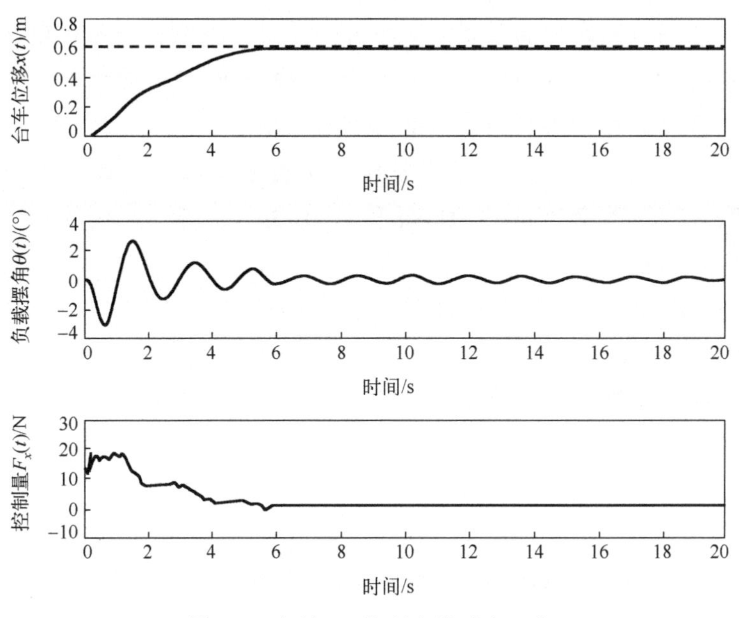

图 2.5　文献[26]控制方法式(2.50)

（实线：实验结果，长虚线：目标位置 $p_{dx}=0.6\text{m}$ ）

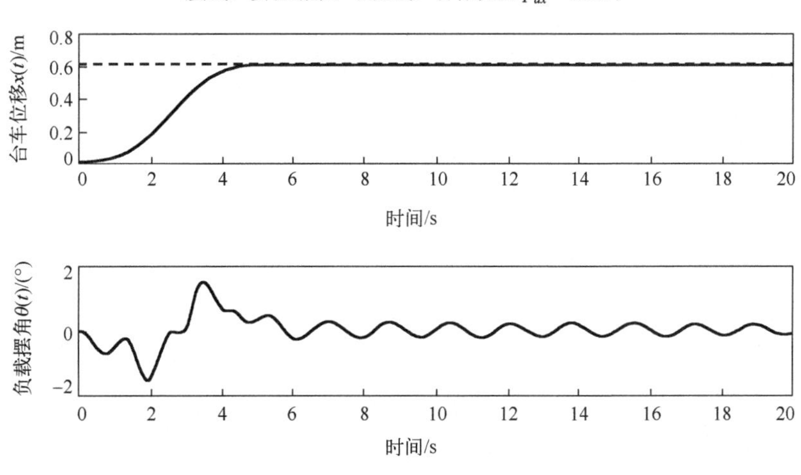

图 2.6　文献[25]控制方法式(2.51)

（实线：实验结果，长虚线：目标位置 $p_{dx}=0.6\text{m}$ ）

2.4.2　鲁棒性测试

为进一步检验所提方法式(2.26)对不确定系统参数和不确定外界干扰的鲁

棒性，本组将通过两种实验分别对所提方法针对不确定系统参数和不确定外界干扰的实际控制性能进行验证。在本方法的鲁棒性测试过程中，本方法选取的控制增益与在精确模型信息情况下的控制增益相同。

情形 1：改变负载质量和吊绳长度。负载质量和吊绳长度由原来的 $m=1.025\text{kg}$ 和 $l=0.6\text{m}$ 改变为 $m=2.025\text{kg}$ 和 $l=0.75\text{m}$，同时，它们的名义值仍为式(2.45)所给参数值。

情形 2：添加外部干扰。在台车运送负载过程中(实验中为第 4s～第 6s 之间)人为地对负载添加外界干扰。

上述两种鲁棒性测试实验结果如图 2.7 和图 2.8 所示，通过对比图 2.3 和图 2.7 可发现，改变负载质量和吊绳长度对本方法的控制性能几乎无影响，系统的整体工作效率与精确模型信息情况下基本一致，本方法的这一性能对于工程应用具有非常重要的实际意义。由图 2.8 可看出，台车运送负载的过程中，在第 4s～第 6s 之间，负载受到幅值约为 1.5°的外界干扰。在本方法的作用下，通过控制台车的运动间接地消除了外界干扰，抑制了负载的摆动，使台车与负载最终又平稳地达到平衡点位置。

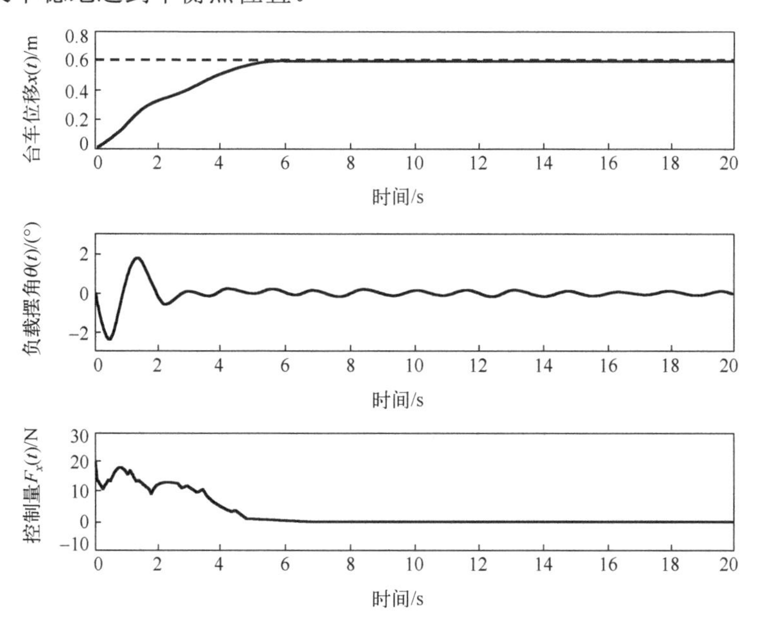

图 2.7　改变系统参数后的实验测试结果

(实线：实验结果，长虚线：目标位置 $p_{dx}=0.6\text{m}$)

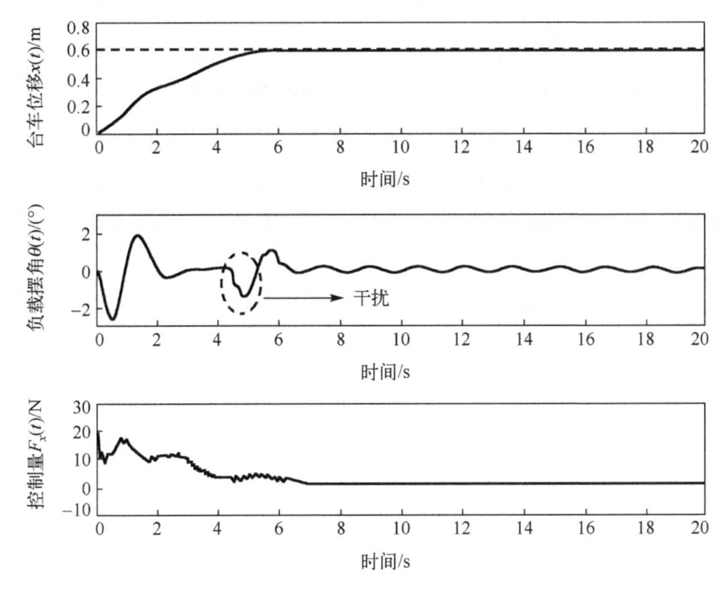

图 2.8　添加外界干扰实验测试结果

（实线：实验结果，长虚线：目标位置 $p_{dx}=0.6\mathrm{m}$）

该部分通过两种鲁棒性测试对本章所提方法关于不确定系统参数和不确定外界干扰的鲁棒性进行了测试，上述结果表明所提方法具有良好的鲁棒性。

2.5　小　　结

在本章中，针对现有基于无源/能量控制方法存在的不足，提出了一种增强阻尼的非线性控制器，提高了闭环系统的抗摆效果。具体而言，首先引入了一个阻尼信号，并根据该信号构造了新的“虚拟”台车位置信号、相应的误差信号，以及新的桥式吊车动力学方程。在此基础上，设计了一种新型的 Lyapunov 函数并进行了控制器和相应闭环系统的稳定性分析。最后，在吊车实验平台上与已有方法进行了对比实验测试和鲁棒性测试，结果表明所提方法的控制性能优于已有控制方法。

参 考 文 献

[1]　许清媛, 杨智, 范正平, 等. 一种非线性观测器和能量结合的反馈控制系统[J]. 控制理论与应用, 2011, 28(1): 31-36.

[2] Aschemann H. Passivity-based control of an overhead travelling crane[C]//Proceedings of the 17th IFAC World Congress, Seoul, Korea, 2008: 7678-7683.

[3] Konstantopoulos G C, Alexandridis A T. Simple energy based controllers with nonlinear coupled-dissipation terms for overhead crane systems[C]//Proceedings of the Joint 48th IEEE Conference on Decision and Control and 28th Chinese Control Conference, Shanghai, China, 2009: 3149-3154.

[4] Ortega R, Loría A, Nicklasson P J, et al. Passivity-Based Control of Euler-Lagrange Systems[M]. London: Springer-Verlag, 1998.

[5] Hoang N Q, Lee S G, Kim J J, et al. Simple energy-based controller for a class of underactuated mechanical systems[J]. International Journal of Precision Engineering and Manufacturing, 2014, 15(8): 1529-1536.

[6] Singhal R, Patayane R, Banavar R N. Tracking a trajectory for a gantry crane: Comparison between IDA-PBC and direct Lyapunov approach[C]//Proceedings of the 2006 IEEE International Conference on Industrial Technology, Mumbai, 2006: 1788-1793.

[7] Fang Y, Zergeroglu E, Dixon W E, et al. Nonlinear coupling control laws for an overhead crane system[C]//Proceedings of the 2001 IEEE International Conference on Control Applications, Mexico City, Mexico, 2001: 639-644.

[8] Fang Y, Dixon W E, Dawson D M, et al. Nonlinear coupling control laws for an underactuated overhead crane system[J]. IEEE/ASME Transactions on Mechatronics, 2003, 8(3): 418-423.

[9] Wu X, He X, Ou X. A coupling control method applied to 2-D overhead cranes[C]// Proceedings of the 35th Chinese Control Conference, Chengdu, China, 2016:1658-1662.

[10] Sun N, Fang Y, Zhang Y, et al. A novel kinematic coupling-based trajectory planning method for overhead cranes[J]. IEEE/ASME Transactions on Mechatronics, 2012, 17(1): 166-173.

[11] Fang Y, Ma B, Wang P, et al. A motion planning-based adaptive control method for an underactuated crane system[J]. IEEE Transactions on Control Systems Technology, 2012, 20(1): 241-248.

[12] Makkar C, Hu G, Sawyer W G, et al. Lyapunov-based tracking control in the presence of uncertain nonlinear parameterizable friction[J]. IEEE Transactions on Automatic Control, 2007, 52(10): 1988-1994.

[13] Lee H H. A new design approach for the anti-swing trajectory control of overhead cranes with high-speed hoisting[J]. International Journal of Control, 2004, 77(10): 931-940.

[14] Tuan L A, Moon S C, Lee W G, et al. Adaptive sliding mode control of overhead cranes with varying cable length[J]. Journal of Mechanical Science and Technology, 2013, 27(3): 885-893.

[15] Sun N, Fang Y, Chen H, et al. Adaptive nonlinear crane control with load hoisting/lowering and unknown parameters: Design and experiments[J]. IEEE/ASME Transactions on Mechatronics, 2015, 20(5): 2107-2119.

[16] Liu R, Li S, Ding S. Nested saturation control for overhead crane systems[J]. Transactions of the Institute of Measurement and Control, 2012, 34(7): 862-875.

[17] Khalil H K. Nonlinear Systems[M]. 3rd ed. Upper Saddle River: Prentice Hall, 2002.

[18] Liu D, Yi J, Zhao D, et al. Adaptive sliding mode fuzzy control for a two-dimensional overhead crane[J]. Mechatronics, 2005, 15(15): 505-522.

[19] Vázquez C, Collado J, Fridman L. Control of a parametrically excited crane: A vector Lyapunov approach[J]. IEEE Transactions on Control Systems Technology, 2013, 21(6): 2332-2340.

[20] Hoang N Q, Lee S G, Kim H, et al. Trajectory planning for overhead crane by trolley acceleration shaping[J]. Journal of Mechanical Science and Technology, 2014, 28(7): 2879-2888.

[21] Wu X, He X, Sun N. An analytical trajectory planning method for underactuated overhead cranes with constraints[C]//Proceedings of the 33rd Chinese Control Conference, Nanjing, China, 2014: 1966-1971.

[22] Zhang X, Fang Y, Sun N. Minimum-time trajectory planning for underactuated overhead crane systems with state and control constraints[J]. IEEE Transactions on Industrial Electronics, 2014, 61(12): 6915-6925.

[23] Wu Z, Xia X. Optimal motion planning for overhead cranes[J]. IET Control Theory and Applications, 2014, 8(17): 1833-1842.

[24] Wu Z, Xia X, Zhu B. Model predictive control for improving operational effciency of overhead cranes[J]. Nonlinear Dynamics, 2015, 79(4): 2639-2657.

[25] Singhose W, Seering W, Singer N. Residual vibration reduction using vector diagrams to generate shaped inputs[J]. Journal of Mechanical Design, 1994, 116(2): 654-659.

[26] Almutairi N B, Zribi M. Sliding mode control of a three-dimensional overhead crane[J]. Journal of Vibration and Control, 2009, 15(11): 1679-1730.

第3章　基于分段控制分析的桥式吊车控制方法

3.1　引　　言

在第 2 章中，针对固定绳长的二维桥式吊车，提出了一种增强阻尼的非线性控制器，由实验测试结果可知，该方法具有良好的控制性能。然而，由闭环系统的稳定性分析过程可知，第 2 章中的方法要求负载摆角在运输过程中始终满足三角函数近似条件式(2.40)，该条件对吊车模型进行了部分线性化处理。否则，需要在运送过程末端利用指数衰减的阻尼信号替代所设计的阻尼信号。针对第 2 章所设计方法存在的上述问题和不足，本章拟通过分段控制的方式设计一个新的 Lyapunov 函数，进而提出一种新颖的非线性控制方法。通过 Lyapunov 稳定性理论和 LaSalle 不变性原理对闭环系统状态的渐近收敛性进行分析证明，利用仿真与实验测试对所提方法的有效性进行检验，并与已有方法进行对比。与第 2 章所设计的控制方法相比，本章所提出的控制策略具有如下贡献和优点：①在设计控制器和分析系统稳定性过程中，无须对吊车系统部分做线性化处理，或在控制过程对控制器进行切换处理；②放宽了对负载摆动范围的假设。

本章主要内容安排如下：3.2 节在第 2 章桥式吊车系统模型的基础上进行转换，以方便分段控制分析；3.3 节通过分段控制分析方法给出 Lyapunov 函数的详细构造过程，并在所构造的 Lyapunov 函数基础上进行控制器设计；3.4 节通过严格的数学分析证明闭环系统的稳定性和系统状态的收敛性；3.5 节和 3.6 节中分别给出了本章方法的仿真和实验测试结果，并将其与已有方法进行了对比；3.7 节对本章主要工作进行总结分析。

3.2　问 题 描 述

本节将在第 2 章桥式吊车系统模型的基础上进行转换，得到一个部分反馈线性化的等价系统，以便随后的控制器设计。

由第 2 章可知动力学方程(2.1)可写为如下形式：

$$F_x = m(\theta)\ddot{x} + \zeta(\theta,\dot{\theta}) \tag{3.1}$$

其中，$m(\theta)$ 与 $\zeta(\theta,\dot{\theta})$ 为式(2.7)和式(2.8)所定义的辅助函数。基于上式(3.1)，采用部分反馈线性化易得如下部分反馈线性化控制输入：

$$F_x = m(\theta)\upsilon + \zeta(\theta,\dot{\theta}) \tag{3.2}$$

其中，$\upsilon(t)$ 表示待设计的辅助控制输入项。利用方程(2.5)、方程(3.1)和方程(3.2)可得如下等价系统：

$$\ddot{x} = \upsilon \tag{3.3}$$

$$\ddot{\theta} = \frac{-g\sin\theta - \upsilon\cos\theta}{l} \tag{3.4}$$

则控制目标式(2.10)变为设计控制输入 $\upsilon(t)$，使得台车的定位误差渐近收敛为零，同时消除负载的摆动，即

$$\lim_{t\to\infty} e(t) = x(t) - p_{dx} = 0, \quad \lim_{t\to\infty} \theta(t) = 0 \tag{3.5}$$

其中，p_{dx} 表示台车的目标位置。

3.3 Lyapunov 函数构造与控制器设计

本节的目的是通过分段控制分析建立一个 Lyapunov 函数，进而设计一种新颖的非线性控制方法。一方面完成台车定位的目标；另一方面实现抑制传输过程中负载的摆动，同时满足当台车到达目标位置以后负载无残余摆动的要求。为实现上述控制目标，考虑构造一个恰当的 Lyapunov 函数，并定义一个非线性控制策略，保证闭环系统在平衡点处是稳定的且系统状态是渐近收敛的。为此，本节采用分段控制的分析方法来构造合适的 Lyapunov 函数，构造 Lyapunov 函数的过程可分为以下几步。

3.3.1 状态 $(\theta,\dot{\theta})$ 的控制

为实现抑制和消除负载摆动的任务，考虑如下与负载摆动有关的储能函数：

$$V_0(t)=\frac{1}{2}(1+\lambda\cos^2\theta)l\dot{\theta}^2+g(1-\cos\theta) \tag{3.6}$$

其中，$\lambda\in\mathbb{R}^+$ 表示正的常数。显然，从式(3.6)可知 $V_0(t)$ 在区间 $\theta(t)\in(-\pi,\pi)$ 上是正定的。对式(3.6)关于时间进行求导并利用方程(3.4)整理后可得

$$\dot{V}_0(t)=-\dot{\theta}\cos\theta\cdot\left[\upsilon\alpha(\theta)+\lambda\beta(\theta,\dot{\theta})\right] \tag{3.7}$$

式中，辅助函数 $\alpha(\theta)$ 和 $\beta(\theta,\dot{\theta})$ 的具体表达式为

$$\alpha(\theta)=1+\lambda\cos^2\theta \tag{3.8}$$

$$\beta(\theta,\dot{\theta})=\sin\theta(l\dot{\theta}^2+g\cos\theta) \tag{3.9}$$

基于式(3.7)可定义如下控制策略：

$$\upsilon_0(t)=\frac{1}{\alpha(\theta)}[\dot{\theta}\cos\theta-\lambda\beta(\theta,\dot{\theta})] \tag{3.10}$$

使得

$$\dot{V}_0(t)=-\dot{\theta}^2\cos^2\theta\leqslant 0 \tag{3.11}$$

进一步可得 $V_0(t)$ 为非增函数，与摆角相关的子系统在 Lyapunov 意义下是稳定的，且变量 $\theta(t)$ 与 $\dot{\theta}(t)$ 满足 $\theta(t),\dot{\theta}(t)\in\mathcal{L}_\infty$。

显然，对于系统状态 $\theta(t)$ 和 $\dot{\theta}(t)$ 的镇定控制，$V_0(t)$ 为一个合适的 Lyapunov 函数。此外，基于函数 $V_0(t)$ 可以方便地构造一个 Lyapunov 候选函数用于台车速度的镇定控制。为此，受文献[1]启发，一个导数与式(3.7)的结构有关的附加项的平方将被添加于储能函数 $V_0(t)$ 中。

3.3.2　状态 $(\dot{x},\theta,\dot{\theta})$ 的控制

为了进一步达到镇定控制状态 $\dot{x}(t)$ 的目标，假设存在未知函数 $\psi(t)=\mu(\dot{x},\theta,\dot{\theta})$ 满足如下等式：

$$-\dot{\mu}(\dot{x},\theta,\dot{\theta})\dot{\theta}\cos\theta=\dot{V}_0(t) \tag{3.12}$$

由方程(3.3)和方程(3.4)可知未知函数 $\psi(t)$ 关于时间的导数可由下式表示：

$$\dot{\psi} = \frac{\partial \psi}{\partial \theta}\dot{\theta} - \frac{g\sin\theta}{l}\frac{\partial \psi}{\partial \dot{\theta}} + \left(\frac{\partial \psi}{\partial \dot{x}} - \frac{\cos\theta}{l}\frac{\partial \psi}{\partial \dot{\theta}}\right)\upsilon \tag{3.13}$$

为了得到未知函数 $\psi(t)$ 的具体表达式，联合方程(3.7)～方程(3.9)、方程(3.12)和方程(3.13)，易知选取 $\psi(t)$ 为

$$\psi = \dot{x} - \lambda l\dot{\theta}\cos\theta \tag{3.14}$$

则满足条件式(3.12)。综合式(3.7)、式(3.12)与式(3.14)可知，对于系统状态 $\dot{x}(t)$、$\theta(t)$ 及 $\dot{\theta}(t)$ 的控制，可考虑如下 Lyapunov 候选函数：

$$\begin{aligned} V_1(t) &= \frac{1}{2}(\dot{x} - \lambda l\dot{\theta}\cos\theta)^2 + k_E V_0(\theta,\dot{\theta}) \\ &= \frac{1}{2}(\dot{x} - \lambda l\dot{\theta}\cos\theta)^2 + \frac{k_E}{2}(1+\lambda\cos^2\theta)l\dot{\theta}^2 + k_E g(1-\cos\theta) \end{aligned} \tag{3.15}$$

其中，$k_E \in \mathbb{R}^+$ 表示正的控制参数。对式(3.15)关于时间进行求导，结合式(3.7)和式(3.13)可得

$$\dot{V}_1(t) = \dot{\chi}\cdot\left[\upsilon\alpha(\theta) + \lambda\beta(\theta,\dot{\theta})\right] \tag{3.16}$$

其中，$\dot{\chi}(t)$ 的具体表达式为

$$\dot{\chi} = \dot{x} - (\lambda l + k_E)\dot{\theta}\cos\theta \tag{3.17}$$

因此，可设计如下控制方法：

$$\upsilon_1(t) = -\frac{1}{\alpha(\theta)}\left[\dot{\chi} + \lambda\beta(\theta,\dot{\theta})\right] \tag{3.18}$$

使得 $\dot{V}_1(t) \leqslant 0$ 并且保证系统状态 $\dot{x}(t)$、$\theta(t)$ 与 $\dot{\theta}(t)$ 满足 $\dot{x}(t),\theta(t),\dot{\theta}(t) \in \mathcal{L}_\infty$。

综上可知，控制器 $\dot{\upsilon}(t)$ 可用于系统状态 $\dot{x}(t)$、$\theta(t)$ 及 $\dot{\theta}(t)$ 的镇定控制。为实现吊车系统的控制任务，还需完成台车位移的调节控制。类似地，在 3.3.3 节中，将基于状态 $\dot{x}(t)$、$\theta(t)$ 与 $\dot{\theta}(t)$ 的 Lyapunov 候选函数，为系统式(3.3)和式(3.4)构造一个恰当的 Lyapunov 候选函数。

3.3.3　控制器设计

如上所述，为进一步完成台车定位的控制目标，还需实现台车位移的调节

控制，即需为整体系统式(3.3)和式(3.4)构造一个恰当的 Lyapunov 候选函数。综合控制目标式(3.5)及式(3.17)所给辅助函数，引入如下变量：

$$\xi = x - (\lambda l + k_E)\sin\theta - p_{dx} \tag{3.19}$$

根据变量 $\xi(t)$ 引入如下非负“势能”函数：

$$V_2(t) = \frac{k_p}{2}\xi^2 \geqslant 0 \tag{3.20}$$

满足其最小值在点 $\xi(t)=0$，其中，$k_p \in \mathbb{R}^+$ 是一个正的控制增益。相应地，对于整体系统的 Lyapunov 候选函数可选为

$$\begin{aligned} V(t) &= V_1(t) + V_2(t) \\ &= \frac{k_p}{2}\xi^2 + \frac{1}{2}(\dot{x} - \lambda l\dot{\theta}\cos\theta)^2 + \frac{k_E}{2}(1+\lambda\cos^2\theta)l\dot{\theta}^2 + k_E g(1-\cos\theta) \end{aligned} \tag{3.21}$$

对式(3.21)两边关于时间进行求导，并利用式(3.16)结论进行整理可得

$$\dot{V}(t) = \dot{\chi}\cdot\left[\upsilon\alpha(\theta) + \lambda\beta(\theta,\dot{\theta}) + k_p\xi\right] \tag{3.22}$$

根据式(3.22)可引入如下控制策略：

$$\upsilon(t) = \frac{-k_p\xi - k_d\dot{\chi} - \lambda\beta(\theta,\dot{\theta})}{\alpha(\theta)} \tag{3.23}$$

其中，$k_p, k_d, \lambda \in \mathbb{R}^+$ 表示正的控制增益，$\alpha(\theta)$、$\beta(\theta,\dot{\theta})$ 和 $\xi(t)$ 分别为式(3.8)、式(3.9)和式(3.19)所定义的辅助函数。

注 3.1 值得指出的是，本章所提方法式(3.23)既可用于速度模式的吊车系统，也可用于力矩模式的吊车系统。对于工作于速度模式的吊车系统，只需通过对控制器式(3.23)关于时间进行积分即可；对于作用于力矩模式的吊车系统，将式(3.23)代入式(3.2)可得最终作用于吊车系统的合力。

3.4 稳定性分析

定理 3.1 在所提非线性控制器式(3.23)的作用下，随着时间的推移，台车将会到达目标位置 p_{dx}，负载摆动将会被消除，即

$$\lim_{t\to\infty}[x(t) \quad \dot{x}(t) \quad \theta(t) \quad \dot{\theta}(t)]^{\mathrm{T}}=[p_{dx} \quad 0 \quad 0 \quad 0]^{\mathrm{T}} \tag{3.24}$$

证明　为证明定理 3.1，使用式(3.21)所引入的非负函数作为整体系统的 Lyapunov 函数，即

$$V(t)=\frac{k_p}{2}\xi^2+\frac{1}{2}(\dot{x}-\lambda l\dot{\theta}\cos\theta)^2+\frac{k_E}{2}(1+\lambda\cos^2\theta)l\dot{\theta}^2+k_E g(1-\cos\theta) \tag{3.25}$$

对式(3.25)两边关于时间进行求导，并将所提控制器式(3.23)代入结果表达式，可得如下结论：

$$\dot{V}(t)=-k_d\dot{\chi}^2\leqslant 0 \tag{3.26}$$

上式结论表明闭环系统在平衡点处是 Lyapunov 意义下稳定的[2]，并且有

$$V(t)\in\mathcal{L}_\infty \tag{3.27}$$

联合式(3.2)、式(3.23)和式(3.25)可得闭环系统状态有界，进而有如下结论：

$$x(t),\dot{x}(t),\theta(t),\dot{\theta}(t),\upsilon(t),\xi(t),\dot{\chi}(t),F_x(t)\in\mathcal{L}_\infty \tag{3.28}$$

为了完成定理 3.1 的证明，还需证明闭环系统状态的收敛性，为此，定义集合 $\mathcal{S}$ 为

$$\mathcal{S}=\left\{(x \quad \dot{x} \quad \theta \quad \dot{\theta})\,|\,\dot{V}(t)=0\right\} \tag{3.29}$$

并定义 $\mathcal{M}$ 为集合 $\mathcal{S}$ 中的最大不变集。根据式(3.17)和式(3.26)可知在不变集 $\mathcal{M}$ 中存在如下结论：

$$\dot{\chi}=\dot{x}-(\lambda l+k_E)\dot{\theta}\cos\theta=0 \tag{3.30}$$

因此，基于上式可得

$$\xi=x-(\lambda l+k_E)\sin\theta-p_{dx}=c_1 \tag{3.31}$$

$$\ddot{\chi}=\ddot{x}+(\lambda l+k_E)\dot{\theta}^2\sin\theta-(\lambda l+k_E)\ddot{\theta}\cos\theta=0 \tag{3.32}$$

其中，$c_1\in\mathbb{R}$ 为常数。利用方程(3.4)、方程(3.8)和方程(3.9)可将方程(3.32)重写为如下形式：

$$\beta(\theta,\dot{\theta}) = -\frac{\left[l\alpha(\theta) + k_E\cos^2\theta\right]\upsilon}{\lambda l + k_E} \tag{3.33}$$

将式(3.33)代入式(3.23)，并利用式(3.30)进行整理可得如下结论：

$$k_p(\lambda l + k_E)\xi + k_E\upsilon = 0 \tag{3.34}$$

接下来分析在最大不变集 $\mathcal{M}$ 中 $\upsilon(t)$ 的值。由式(3.31)可知，在最大不变集 $\mathcal{M}$ 中 $\xi(t)$ 为常数，故由式(3.34)可知 $\upsilon(t)$ 亦为常数。因此，在此假设 $\upsilon(t) \neq 0$，据此可得如下结论：

$$当t \to \infty时，\quad \dot{x}(t) \to \begin{cases} +\infty, & \upsilon(t) > 0 \\ -\infty, & \upsilon(t) < 0 \end{cases} \tag{3.35}$$

式(3.35)讨论结果与式(3.28)结论“闭环系统状态均有界”相矛盾，因此可知假设 $\upsilon(t) \neq 0$ 不成立，所以可得

$$k_p(\lambda l + k_E)\xi = -k_E\upsilon = -k_E\ddot{x} = 0 \tag{3.36}$$

联合式(3.31)表明

$$\left.\begin{aligned} \dot{x} = c_2 \\ e = (\lambda l + k_E)\sin\theta = c_3 \end{aligned}\right\} \Rightarrow c_2 = 0 \tag{3.37}$$

式中，c_2，$c_3 \in \mathbb{R}$ 为常数。根据式(3.37)结论可得

$$\theta = c_4 \Rightarrow \dot{\theta} = 0, \quad \ddot{\theta} = 0 \tag{3.38}$$

其中，$c_4 \in \mathbb{R}$ 是一个常数。将式(3.36)和式(3.38)中 $\upsilon(t)$ 和 $\ddot{\theta}(t)$ 的值分别代入方程(3.4)，可得如下结论：

$$\sin\theta = 0 \Rightarrow \theta = 0 \tag{3.39}$$

进一步结合方程(3.37)结论表明在最大不变集 $\mathcal{M}$ 中有

$$e = x - p_{dx} = 0 \Leftrightarrow \lim_{t\to\infty} x(t) = p_{dx} \tag{3.40}$$

综合上述证明过程，引用 LaSalle 不变性原理[2]可得式(3.24)的结论，即随着时间的推移，台车将会到达目标位置 p_{dx}，负载摆动将会被消除。证毕。

3.5　仿真结果与分析

本节将利用 MATLAB/Simulink 软件通过仿真测试来检验本章所提方法的控制效果。为了证明所提方法的可行性和有效性，本节将通过三组仿真测试来验证本方法的控制性能。

在随后的仿真测试中，桥式吊车系统的物理参数选取如下：

$$M = 20\text{kg}, \quad m = 50\text{kg}, \quad l = 2\text{m}, \quad g = 9.8\text{kg/s}^2 \tag{3.41}$$

台车的初始设置为

$$x(0) = 0 \tag{3.42}$$

经过充分调试后，本章所提方法的控制增益选取为

$$k_p = 0.3, \quad k_d = 0.96, \quad k_E = 3.6, \quad \lambda = 0.2 \tag{3.43}$$

3.5.1　对比测试

在精确模型信息情况下，本节将本章方法与文献[3]中动能耦合控制方法(式(2.49))进行了对比，并分别给出了两种控制方法的仿真测试结果。本组仿真对比测试中，台车的目标位置设置为

$$p_{dx} = 6\text{m} \tag{3.44}$$

动能耦合控制器的控制增益选取为

$$k_p = 16, \quad k_d = 45, \quad k_E = 0.2, \quad k_v = 0.8 \tag{3.45}$$

本组仿真测试结果如图 3.1～图 3.2 所示，图中分别给出了在不同控制策略作用下系统状态和控制量随时间变化的曲线。对比图 3.1 和图 3.2 可知，在不同控制器作用下，台车到达目标位置所用时间基本相同(均为 8s 左右)。不同的是，本书方法式(3.23)在抑制及消除负载摆动方面表现出优越的控制性能。对比两图可发现，在本方法作用下，台车运送负载过程中，负载摆动的幅值不足 10°，当负载被运送至目标位置上方后，负载无残余摆动；对于现有的动能耦合控制方法，在整个运送过程中，负载摆动幅值将近 20°，且当台车到达目标位置以后，该方法不能保证负载的残余摆动为零，这样将影响吊车系统的整体工作效率。

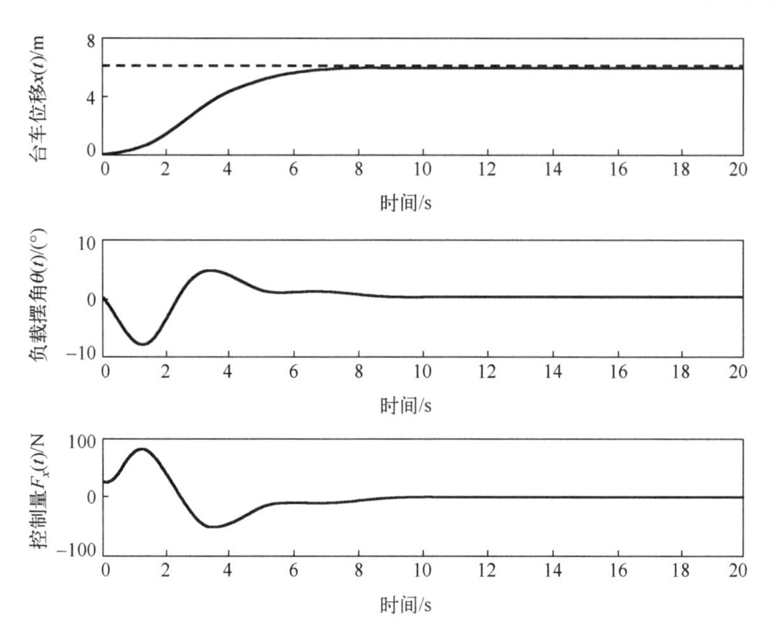

图 3.1　本章控制方法式(3.23)

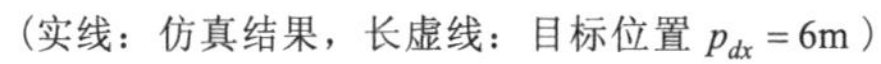
（实线：仿真结果，长虚线：目标位置 $p_{dx}=6\text{m}$）

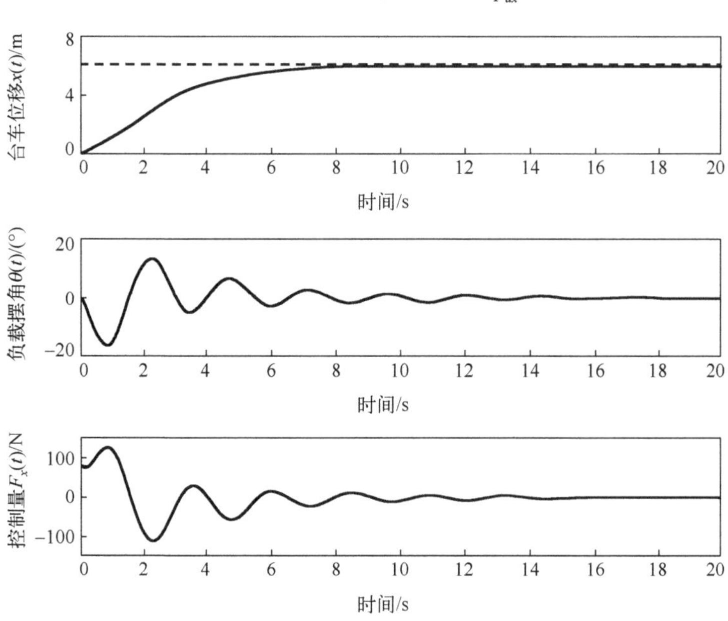

图 3.2　文献[3]控制方法

（实线：仿真结果，长虚线：目标位置 $p_{dx}=6\text{m}$）

3.5.2　不同距离测试

对于不同的传送任务，台车所需运动的距离可能不同。因此，为验证当台车目标位置发生改变时，所设计控制器的控制性能，控制器式(3.23)的控制增益不变，台车的目标位置改变为

$$p_{dx} = 4\text{m} \tag{3.46}$$

两种情况的仿真测试结果如图 3.3 所示，通过对比图中两种情形的仿真结果可得，对于不同的运输距离，无须调节控制器的控制增益，台车均能快速地移动至目标位置，负载摆动被有效地抑制并消除。本组仿真测试结果表明：不同的传输距离不影响本书所设计的控制器的控制性能。

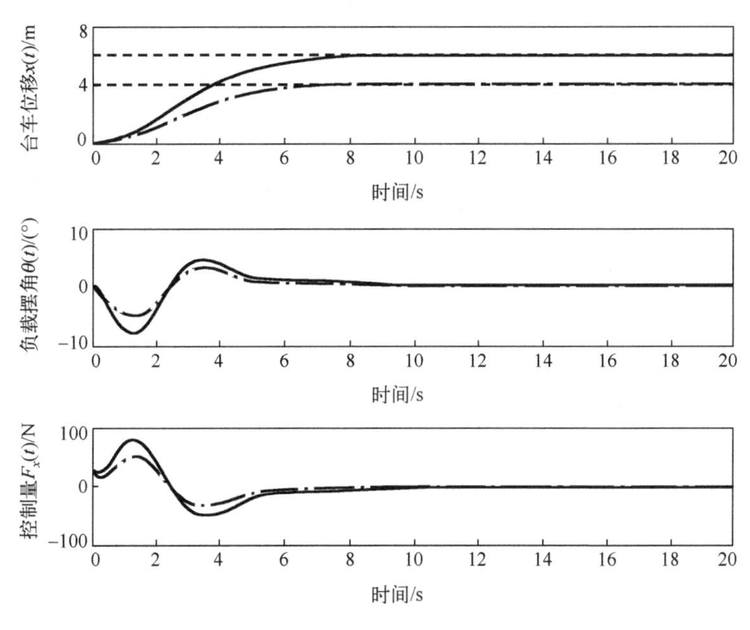

图 3.3　不同距离仿真测试结果

（点划线：$p_{dx} = 4\text{m}$ 结果，实线：$p_{dx} = 6\text{m}$ 结果，长虚线：目标位置）

3.5.3　鲁棒性测试

在吊车的实际应用过程中，负载不可避免地会受到风力、意外碰撞等外界干扰，为了验证本方法对不确定性外界干扰的鲁棒性，在不改变控制增益的情况下，台车运输负载过程中，人为地对负载添加两种不同的干扰。具体而言，

分别在第 15s～第 15.5s 之间对负载摆动添加幅值为 2°的脉冲干扰和第 28s～第 30s 之间对负载摆动添加幅值为 2°、角频率为 4π 的正弦干扰。

图 3.4 给出了鲁棒性仿真测试结果。通过图 3.4 可以看到，在稳定状态下，当负载受到外界干扰时，台车迅速做出反应并通过来回移动来消除外界干扰，通过台车的移动外界干扰被快速地消除，台车和负载再次达到稳定状态。仿真结果表明：虽然吊车系统模型未考虑外界干扰因素，归功于闭环系统状态反馈的作用，本方法对于不确定性外界干扰具有良好的鲁棒性。

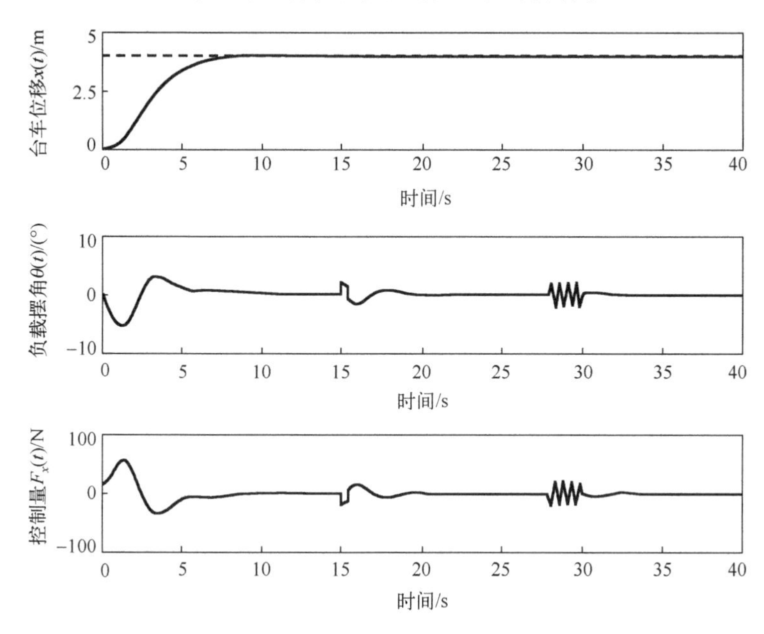

图 3.4 添加外界干扰仿真测试结果

（实线：仿真结果，长虚线：目标位置 $p_{dx} = 4\text{m}$）

3.6 实验测试及分析

为了进一步验证本方法的实际控制效果，本节将所设计的控制方法用于图 2.2 所示便携式桥式吊车平台的控制，以检验所提方法的实际性能。实验测试分两组进行：第一组实验分别给出了本章方法和已有控制方法的实验结果并对结果进行了对比和分析；第二组实验检验了本章方法针对不同传输距离的控制效果，同样给出了实验结果并进行了详细分析。

在接下来的实验测试中，桥式吊车平台的物理参数设置如下：

$$M = 7\text{kg}, \quad m = 1.025\text{kg}, \quad l = 0.6\text{m}, \quad g = 9.8\text{m/s}^2 \tag{3.47}$$

台车的起始位置和目标位置分别设置为

$$x(0) = 0, \quad p_{dx} = 0.6\text{m} \tag{3.48}$$

本章所设计控制器的控制增益选取为

$$k_p = 3.5, \quad k_d = 1.5, \quad k_E = 2, \quad \lambda = 0.8 \tag{3.49}$$

3.6.1　对比测试

选取文献[3]所提出的动能耦合控制方法(式(2.49))进行对比分析，动能耦合控制方法的控制增益与第 2 章相同。图 3.5 和图 3.6 分别给出了两种方法的实验结果。从图 3.5 和图 3.6 可以看到，在动能耦合控制方法(式(2.49))的作用下，台车的运动时间小于在本方法作用下的台车运送时间，在两种控制方法作用下，台车最终均到达了目标位置 $p_{dx} = 0.6\text{m}$。通过对比两种方法所产生的负载摆动状态可以发现，本方法的抗摆和消摆效果明显优于动能耦合控制方法，此优势可提高吊车系统的工作效率。

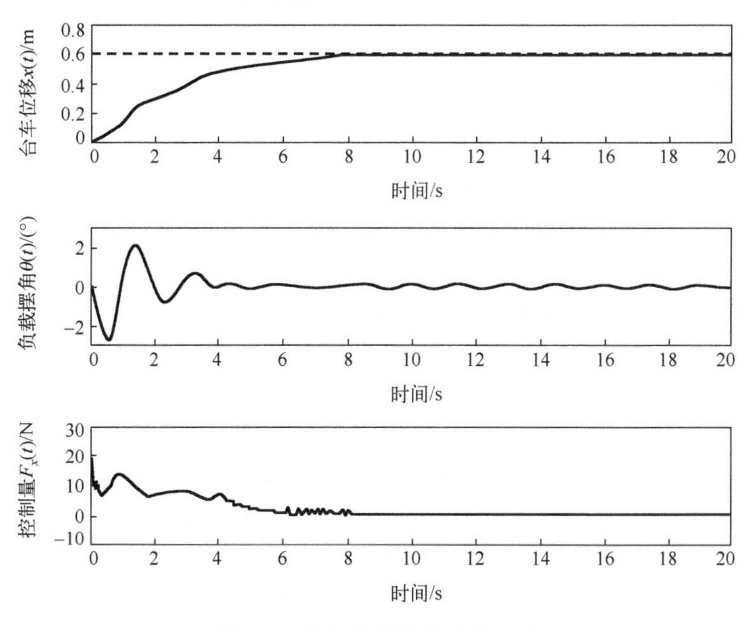

图 3.5　本章控制方法式(3.23)

(实线：实验结果，长虚线：目标位置 $p_{dx} = 0.6\text{m}$)

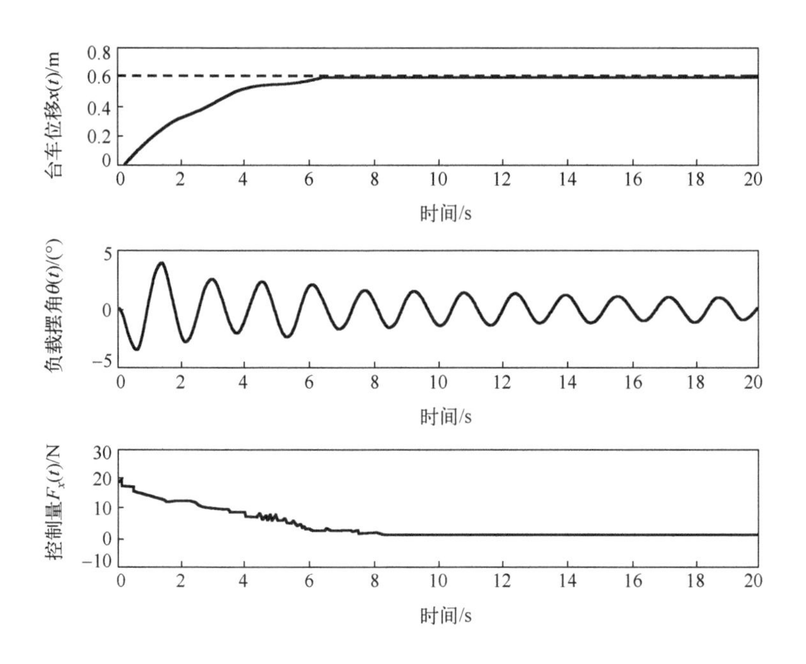

图 3.6　文献[3]的控制方法

（实线：实验结果，长虚线：目标位置 $p_{dx}=0.6\mathrm{m}$）

3.6.2　不同距离测试

为了检验本章方法对于不同运送距离的控制效果，本部分改变了台车的目标位置，将台车的目标位置选取为

$$p_{dx}=0.5\mathrm{m} \tag{3.50}$$

吊车平台的系统参数保持不变，且控制器的控制增益与上一节相同。两种不同传送距离的实验结果如图 3.7 所示，从图中可以发现，对于不同传输距离的运送任务，本方法均能将台车快速平稳地控制至目标位置，且保证负载位于目标位置上方后可快速地处于平稳状态，不影响吊车系统的运送效率。通过对比图中两种不同传输距离的实验结果还可发现，随着运送距离的增加，负载摆动幅值会变大，这是由于运送距离加大，相应的初始控制力矩变大，进而导致台车初始加速度变大，所以出现了图中的结果。对于这一问题，在第 5 章将提出一种控制策略解决该方法的不足之处。

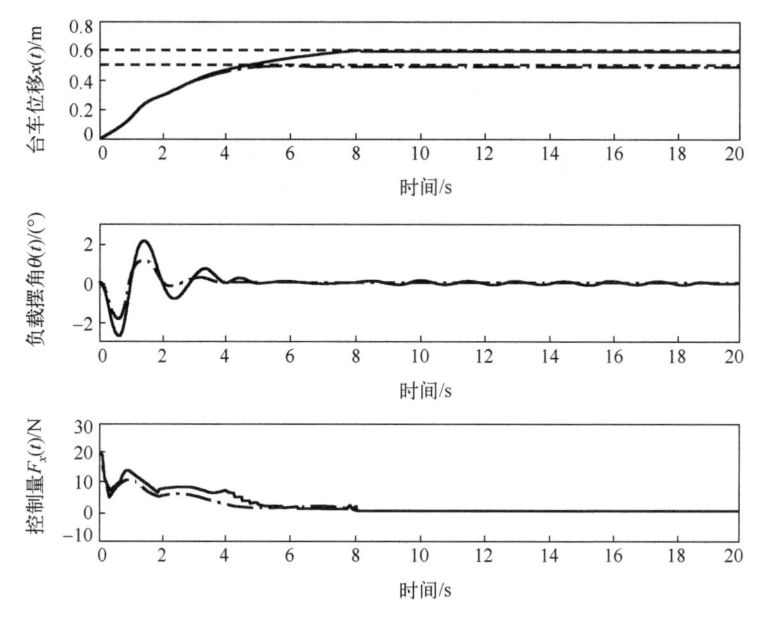

图 3.7　不同距离实验测试结果

（点划线：$p_{dx}=0.5\text{m}$ 结果，实线：$p_{dx}=0.6\text{m}$ 结果，长虚线：目标位置）

3.7　小　　结

针对前一章所提方法的不足，本章根据分段控制分析的方法设计了一种新颖的非线性控制方法。具体而言，首先通过部分反馈线性化方法将原吊车动力学方程进行模型转换。在此基础上，通过分段分析逐步为整体系统建立了一个恰当的 Lyapunov 函数并设计了相应的非线性控制器。最后，利用 Lyapunov 方法和 LaSalle 不变性原理证明了闭环系统的稳定性，通过仿真与实验测试进一步验证了理论分析的正确性。

参 考 文 献

[1] Jurdjevic V, Quinn J P. Controllability and stability[J]. Journal of Differential Equations, 1978, 28(3): 381-389.

[2] Khalil H K. Nonlinear Systems[M]. 3rd ed. Upper Saddle River: Prentice Hall, 2002.

[3] Fang Y, Zergeroglu E, Dixon W E, et al. Nonlinear coupling control laws for an overhead crane system[C]//Proceedings of the 2001 IEEE International Conference on Control Applications, Mexico City, Mexico, 2001: 639-644.

第 4 章　一种增强抗摆的三维桥式吊车控制方法

4.1　引　　言

在前面的章节中，本书就运输过程中绳长不变的二维桥式吊车系统展开了研究，分别提出了一种增强阻尼的控制策略和一种基于分段控制分析的非线性控制器，并给出了严格的理论分析过程和仿真实验测试结果。理论分析和实验结果均表明上述所设计的两种控制方法均可实现台车的快速定位和负载摆动的抑制，并且其控制效果优于现有方法的控制效果。众所周知，相比平面模型的二维桥式吊车系统，工作于三维空间的桥式吊车系统模型更为复杂，系统状态之间的耦合性更强，控制器设计也更具有挑战性。不过，三维桥式吊车的使用更为广泛、工作效率更高。因此，三维桥式吊车系统的控制问题一直是控制领域的研究热点之一。

目前，针对三维桥式吊车的控制问题，国内外的研究人员提出了许多控制方法，如文献[1-4]利用不同的控制技术设计出了多种行之有效的控制方法。此外，Tuan 等[5]考虑运送过程中伴有升降运动的三维桥式吊车，将滑模控制与自适应控制结合用于解决吊车的控制问题。文献[6,7]则分别将位置伺服控制和 PID 控制与模糊控制结合，通过分工合作方式完成吊车的控制目标。上面提及的大部分控制方法均为调节控制方法，无法作用于吊车的轨迹跟踪控制。在实际应用过程中，与调节控制相比，基于轨迹跟踪的控制方法可使得台车的运行更为平稳，消摆效果更好，吊车的安全系数更高。针对现有方法存在的不足，为了增加吊车系统的灵活性，使其可工作于多种情形，本章提出一种既可用于轨迹跟踪控制，也可用于调节控制的增强抗摆控制策略。具体而言，首先引入一个抗摆信号以提高系统的消摆性能，在此基础上定义了新的定位误差信号，并将原系统转化为由两个子系统组成的互联系统。随后，提出了一种增强抗摆的控制策略，并对系统的稳定性和系统状态的收敛性进行了严格的数学分析。实验结果证明了该方法的轨迹跟踪和调节控制性能，同时还将其与已有方法进行了对比，结果表明本章方法具有更好的控制效果。

本章的各部分内容组织安排如下：4.2 节给出三维桥式吊车的系统模型，并做简要的整理和分析，对运送过程中悬挂吊绳与竖直方向的摆角做出合理的假设；4.3 节详细说明控制器的设计过程；4.4 节对系统性能做严格的数学分析；4.5 节通过实验测试对所设计方法的有效性进行验证；4.6 节对本章主要工作进行总结。

4.2　模型分析

本节给出三维桥式吊车系统的数学模型，并对系统模型进行动态分析。为了便于随后章节的控制器设计和系统性能分析，对系统模型进行适当整理。最后，根据吊车系统的实际工作情况，针对运送过程中悬挂吊绳与竖直方向的摆角做出合理的假设。

考虑如图 4.1 所示的三维桥式吊车系统，其动力学模型可通过欧拉–拉格朗日建模方法得到，具体表达式如下[8,9]：

$$\boldsymbol{M}_I(\boldsymbol{q})\ddot{\boldsymbol{q}}+\boldsymbol{C}(\boldsymbol{q},\dot{\boldsymbol{q}})\dot{\boldsymbol{q}}+\boldsymbol{G}(\boldsymbol{q})=\boldsymbol{u} \tag{4.1}$$

其中，$\boldsymbol{q}\in\mathbb{R}^4$ 表示系统的状态向量，$\boldsymbol{M}_I(\boldsymbol{q})\in\mathbb{R}^{4\times4}$ 为惯量矩阵，$\boldsymbol{C}(\boldsymbol{q},\dot{\boldsymbol{q}})\in\mathbb{R}^{4\times4}$ 表示向心–柯氏力矩阵，$\boldsymbol{G}(\boldsymbol{q})\in\mathbb{R}^4$ 表示重力向量，$\boldsymbol{u}\in\mathbb{R}^4$ 为系统的控制向量，上述变量的具体表达式分别为

$$\boldsymbol{q}=[x\quad y\quad \theta_x\quad \theta_y]^{\mathrm{T}} \tag{4.2}$$

$$\boldsymbol{M}_I=\begin{bmatrix} m+m_x & 0 & mlC_xC_y & -mlS_xS_y \\ 0 & m+m_y & 0 & mlC_y \\ mlC_xC_y & 0 & ml^2C_y^2 & 0 \\ -mlS_xS_y & mlC_y & 0 & ml^2 \end{bmatrix} \tag{4.3}$$

$$\boldsymbol{C}=\begin{bmatrix} 0 & 0 & -mlS_xC_y\dot{\theta}_x-mlC_xS_y\dot{\theta}_y & -mlC_xS_y\dot{\theta}_x-mlS_xC_y\dot{\theta}_y \\ 0 & 0 & 0 & -mlS_y\dot{\theta}_y \\ 0 & 0 & -ml^2S_yC_y\dot{\theta}_y & -ml^2S_yC_y\dot{\theta}_x \\ 0 & 0 & ml^2S_yC_y\dot{\theta}_x & 0 \end{bmatrix} \tag{4.4}$$

$$\boldsymbol{G}=[0\quad 0\quad mglS_xC_y\quad mglC_xS_y]^{\mathrm{T}},\quad \boldsymbol{u}=[F_x\quad F_y\quad 0\quad 0]^{\mathrm{T}} \tag{4.5}$$

其中，m、m_x 和 m_y 分别代表负载的质量、X 方向上的等效质量和 Y 方向上的等效质量，l 为吊绳的长度，g 为重力加速度，$\theta_x(t)$ 和 $\theta_y(t)$ 分别为如图 4.1 所示的负载摆动角度，S_x、S_y、C_x 和 C_y 分别为 $\sin\theta_x$、$\sin\theta_y$、$\cos\theta_x$ 和 $\cos\theta_y$ 的缩写，$F_x(t)$ 和 $F_y(t)$ 分别为作用于台车和桥架的合力，其分别由两部分组成：

$$F_x = F_{ax} - F_{rx},\quad F_y = F_{ay} - F_{ry} \tag{4.6}$$

其中，$F_{ax}(t)$ 和 $F_{ay}(t)$ 分别为 X 和 Y 方向上电机所提供的驱动力，$F_{rx}(t)$ 和 $F_{ry}(t)$ 分别为两个方向上相应的摩擦力。类似地，受文献[10]启发，选择第 2 章式(2.4)所给摩擦力模型对摩擦力进行前馈补偿，将方程(4.1)改写为方程组形式可得

$$\begin{aligned}&(m+m_x)\ddot{x} + mlC_xC_y\ddot{\theta}_x - mlS_xS_y\ddot{\theta}_y\\&-mlS_xC_y\dot{\theta}_x^2 - 2mlC_xS_y\dot{\theta}_x\dot{\theta}_y - mlS_xC_y\dot{\theta}_y^2 = F_x\end{aligned} \tag{4.7}$$

$$(m+m_y)\ddot{y} + mlC_y\ddot{\theta}_y - mlS_y\dot{\theta}_y^2 = F_y \tag{4.8}$$

$$mlC_xC_y\ddot{x} + ml^2C_y^2\ddot{\theta}_x - 2ml^2S_yC_y\dot{\theta}_x\dot{\theta}_y + mglS_xC_y = 0 \tag{4.9}$$

$$mlS_xS_y\ddot{x} - mlC_y\ddot{y} - ml^2\ddot{\theta}_y - ml^2S_yC_y\dot{\theta}_x^2 - mglC_xS_y = 0 \tag{4.10}$$

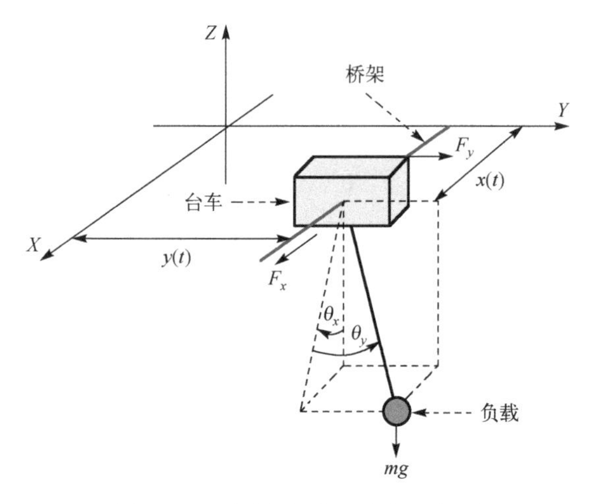

图 4.1　三维桥式吊车系统示意图

从上述方程(4.7)～方程(4.10)可知桥式吊车系统动力学模型由两部分组成，分别是可直接驱动动态方程(4.7)和方程(4.8)及不可直接驱动动态方程(4.9)

和方程(4.10)。利用不可直接驱动动态方程(4.9)和方程(4.10)对可驱动动态方程(4.7)和方程(4.8)进行整理，使其不含负载摆动的加速度项，整理后的结果表达式可写为如下矩阵-向量的形式：

$$\boldsymbol{M}_a\ddot{\boldsymbol{\vartheta}}+\boldsymbol{f}(\boldsymbol{\theta},\dot{\boldsymbol{\theta}})=\boldsymbol{F} \tag{4.11}$$

其中，

$$\ddot{\boldsymbol{\vartheta}}(t)=[\ddot{x}\quad \ddot{y}]^{\mathrm{T}},\quad \boldsymbol{\theta}(t)=[\theta_x\quad \theta_y]^{\mathrm{T}},\quad \boldsymbol{F}(t)=[F_x\quad F_y]^{\mathrm{T}} \tag{4.12}$$

$\boldsymbol{M}_a$ 和 $\boldsymbol{f}(\boldsymbol{\theta},\dot{\boldsymbol{\theta}})$ 的表达式分别为

$$\boldsymbol{M}_a=\begin{bmatrix} m_x+mS_x^2C_y^2 & mS_xS_yC_y \\ mS_xS_yC_y & m_y+mS_y^2 \end{bmatrix} \tag{4.13}$$

$$\boldsymbol{f}=\begin{bmatrix} -mS_xC_y(gC_xC_y+lC_y^2\dot{\theta}_x^2+l\dot{\theta}_y^2) \\ -mS_y(gC_xC_y+lC_y^2\dot{\theta}_x^2+l\dot{\theta}_y^2) \end{bmatrix} \tag{4.14}$$

为便于随后的控制器设计及稳定性分析，对式(4.9)和式(4.10)两边同时除以 ml，可得如下等式：

$$C_xC_y\ddot{x}+lC_y^2\ddot{\theta}_x-2lS_yC_y\dot{\theta}_x\dot{\theta}_y+gS_xC_y=0 \tag{4.15}$$

$$S_xS_y\ddot{x}-C_y\ddot{y}-l\ddot{\theta}_y-lS_yC_y\dot{\theta}_x^2-gC_xS_y=0 \tag{4.16}$$

亦可写为矩阵-向量的形式：

$$\boldsymbol{M}_u\ddot{\boldsymbol{\vartheta}}+\boldsymbol{g}(\boldsymbol{\theta},\dot{\boldsymbol{\theta}})=\boldsymbol{0} \tag{4.17}$$

其中，

$$\boldsymbol{M}_u=\begin{bmatrix} C_xC_y & 0 \\ S_xS_y & -C_y \end{bmatrix},\quad \boldsymbol{g}=\begin{bmatrix} lC_y^2\ddot{\theta}_x-2lS_yC_y\dot{\theta}_x\dot{\theta}_y+gS_xC_y \\ -l\ddot{\theta}_y-lS_yC_y\dot{\theta}_x^2-gC_xS_y \end{bmatrix} \tag{4.18}$$

运动学方程(4.17)表示台车/桥架运动与负载摆动之间的耦合关系，是随后控制器设计的基础。

考虑到三维桥式吊车系统的实际应用情况，针对运送过程中负载吊绳与竖直方向的摆角做如下假设[9, 11, 12]。

假设 4.1　针对三维桥式吊车，在整个传送过程中，负载吊绳始终位于桥架的下方，即悬挂吊绳与竖直方向的夹角满足如下关系：

$$-\frac{\pi}{2}<\theta_x(t)<\frac{\pi}{2},\quad -\frac{\pi}{2}<\theta_y(t)<\frac{\pi}{2},\quad \forall t\geqslant 0 \tag{4.19}$$

4.3　控制器设计与稳定性分析

本节将详细说明三维桥式吊车系统的增强抗摆控制器的设计过程。具体来讲，首先，为了抑制运送负载过程中的负载摆动并消除台车到达目标位置以后的残余负载摆动，本节将引入一个新颖的抗摆信号；随后，基于所引入的抗摆信号定义了新的台车定位误差信号；最后，根据部分反馈线性化理论，针对三维桥式吊车系统设计了一种增强抗摆控制方法。

一般来说，通过跟踪参考运动轨迹同时完成快速运送和有效抑制负载摆动的控制任务具有一定的挑战性。大部分现有的运动轨迹规划方法主要集中于台车/桥架的定位控制，而忽略负载摆动与台车/桥架运动之间的耦合特性[13,14]。本节不仅考虑台车/桥架的定位控制，并且将充分考虑负载摆动与台车/桥架运动之间的耦合关系，在实现跟踪控制任务的同时达到消摆的目的。为了增强消摆的性能，本节考虑向参考运动轨迹中引入抗摆信号以抑制运送过程中的负载摆动，并且消除到达目标位置以后的残余负载摆动。

首先，为有效地抑制并消除负载摆动，引入如下抗摆信号：

$$\boldsymbol{\rho}(t)=\left[\int_0^t S_x(\tau)C_y(\tau)\mathrm{d}\tau \quad \int_0^t S_y(\tau)\mathrm{d}\tau\right]^{\mathrm{T}} \tag{4.20}$$

将上述抗摆信号式(4.20)与台车的参考运动轨迹 $\boldsymbol{r}(t)=\left[\,x_r(t)\ y_r(t)\,\right]^{\mathrm{T}}$ 结合得到如下信号：

$$\boldsymbol{r}_c=\boldsymbol{r}+k_a\boldsymbol{\rho} \tag{4.21}$$

其中，$k_a\in\mathbb{R}^+$ 是一个正的抗摆控制增益。

接下来，基于式(4.21)所构造的合成参考轨迹 $\boldsymbol{r}_c(t)$ 定义如下新的台车定位误差信号 $\boldsymbol{\varepsilon}(t)$：

$$\boldsymbol{\varepsilon}:=\boldsymbol{r}_c-\boldsymbol{\vartheta}=\boldsymbol{r}+k_a\boldsymbol{\rho}-\boldsymbol{\vartheta} \tag{4.22}$$

对式(4.22)两边关于时间进行连续两次求导，可得如下表达式：

$$\dot{\boldsymbol{\varepsilon}}:=\dot{\boldsymbol{r}}_c-\dot{\boldsymbol{\vartheta}}=\dot{\boldsymbol{r}}+k_a\dot{\boldsymbol{\rho}}-\dot{\boldsymbol{\vartheta}} \tag{4.23}$$

$$\ddot{\boldsymbol{\varepsilon}} := \ddot{\boldsymbol{r}}_c - \ddot{\boldsymbol{\vartheta}} = \ddot{\boldsymbol{r}} + k_a\ddot{\boldsymbol{\rho}} - \ddot{\boldsymbol{\vartheta}} \tag{4.24}$$

将式(4.24)分别代入到方程(4.11)和方程(4.17)可得如下两个子系统：

$$\boldsymbol{M}_a(\ddot{\boldsymbol{\varepsilon}} - \ddot{\boldsymbol{r}} - k_a\ddot{\boldsymbol{\rho}}) = \boldsymbol{f} - \boldsymbol{F} \tag{4.25}$$

$$\boldsymbol{M}_u(\ddot{\boldsymbol{\varepsilon}} - \ddot{\boldsymbol{r}} - k_a\ddot{\boldsymbol{\rho}}) = \boldsymbol{g} \tag{4.26}$$

其中，$\boldsymbol{M}_a$、$\boldsymbol{f}(\boldsymbol{\theta},\dot{\boldsymbol{\theta}})$、$\boldsymbol{M}_u$ 和 $\boldsymbol{g}(\boldsymbol{\theta},\dot{\boldsymbol{\theta}})$ 分别为式(4.13)、式(4.14)和式(4.18)所定义的辅助变量。

至此，基于部分反馈线性化理论、所引入的新的定位误差信号式(4.22)～式(4.24)以及子系统式(4.25)，针对三维桥式吊车的轨迹跟踪控制提出如下控制律：

$$\boldsymbol{F} = \boldsymbol{M}_a\left[2k_\varepsilon\dot{\boldsymbol{\varepsilon}} + 2k_\varepsilon^2\boldsymbol{\varepsilon} + (k_\theta + k_a)\ddot{\boldsymbol{\rho}} + \ddot{\boldsymbol{r}}\right] + \boldsymbol{f}(\boldsymbol{\theta},\dot{\boldsymbol{\theta}}) \tag{4.27}$$

其中，$k_\varepsilon, k_\theta \in \mathbb{R}^+$ 表示正的控制增益，$\boldsymbol{M}_a$ 和 $\boldsymbol{f}(\boldsymbol{\theta},\dot{\boldsymbol{\theta}})$ 分别为式(4.13)和式(4.14)所定义的辅助变量，$\ddot{\boldsymbol{\rho}}(t)$ 表示式(4.20)所引入的抗摆信号关于时间的二阶导数，其具体表达式为

$$\ddot{\boldsymbol{\rho}}(t) = \left[C_xC_y\dot{\theta}_x - S_xS_y\dot{\theta}_y \quad C_y\dot{\theta}_y\right]^{\mathrm{T}} \tag{4.28}$$

4.4　性 能 分 析

定理 4.1　若控制器式(4.27)所选取的控制增益满足如下条件：

$$\frac{k_\theta}{k_a} < 1 \tag{4.29}$$

那么，在所设计的控制器式(4.27)的作用下，系统状态将随时间推移渐近收敛到平衡点位置，即

$$\lim_{t\to\infty}[x \quad y \quad \theta_x \quad \theta_y]^{\mathrm{T}} = [p_{dx} \quad p_{dy} \quad 0 \quad 0]^{\mathrm{T}} \tag{4.30}$$

其中，p_{dx} 和 p_{dy} 分别代表 X 方向和 Y 方向的目标位置。

证明之前，首先对证明思路做简要介绍。如果可证得：①闭环系统的所有状态均有界；②所定义的新的台车定位误差信号 $\boldsymbol{\varepsilon}(t)$ 和所引入的抗摆信号 $\boldsymbol{\rho}(t)$

在有限时间后为零；那么定理 4.1 结论可证。此外，附加的前提是台车参考运动轨迹 $r(t)$ 需要满足文献[15]所给要求，即

①台车参考运动轨迹 $\boldsymbol{r}(t)$ 有界，且在有限的时间 $t_f \in \mathbb{R}^+$ 内达到预设的固定值，即台车的目标位置；

②台车参考运动轨迹 $\boldsymbol{r}(t)$ 关于时间的一、二阶导数有界，且在有限时间 t_f 后为零，即台车到达目标位置后，台车的速度及其加速度均须为零。

证明　为证明定理 4.1，将所设计的轨迹跟踪控制器式(4.27)的具体表达式代入式(4.25)并进行整理可得

$$\ddot{\boldsymbol{\varepsilon}} + 2k_\varepsilon \dot{\boldsymbol{\varepsilon}} + 2k_\varepsilon^2 \boldsymbol{\varepsilon} + k_\theta \ddot{\boldsymbol{\rho}} = \mathbf{0} \tag{4.31}$$

为便于接下来的稳定性分析，式(4.26)和式(4.31)分别被称为 ρ-子系统和 ε-子系统。接下来，定义向量：

$$\boldsymbol{e} = [(\dot{\boldsymbol{\varepsilon}} + k_\varepsilon \boldsymbol{\varepsilon})^{\mathrm{T}} \quad k_\varepsilon \boldsymbol{\varepsilon}^{\mathrm{T}}]^{\mathrm{T}} \tag{4.32}$$

为证明 ε-子系统以 $\ddot{\boldsymbol{\rho}}(t)$ 为输入是输入状态稳定(input-to-state stability，ISS)的，考虑如下 ISS-Lyapunov 函数：

$$V_\varepsilon(t) = \frac{1}{2}\|\boldsymbol{e}\|^2 = \frac{1}{2}(\dot{\boldsymbol{\varepsilon}} + k_\varepsilon \boldsymbol{\varepsilon})^{\mathrm{T}}(\dot{\boldsymbol{\varepsilon}} + k_\varepsilon \boldsymbol{\varepsilon}) + \frac{1}{2}(k_\varepsilon \boldsymbol{\varepsilon})^{\mathrm{T}}(k_\varepsilon \boldsymbol{\varepsilon}) \tag{4.33}$$

其中，$\|\cdot\|$ 代表向量的欧几里得范数。对式(4.33)两边关于时间进行求导，并将式(4.31)代入结果表达式进行整理可得

$$\begin{aligned} \dot{V}_\varepsilon(t) &= k_\varepsilon(\dot{\boldsymbol{\varepsilon}} + k_\varepsilon \boldsymbol{\varepsilon})^{\mathrm{T}}(\dot{\boldsymbol{\varepsilon}} + k_\varepsilon \boldsymbol{\varepsilon}) - k_\varepsilon^3 \boldsymbol{\varepsilon}^{\mathrm{T}} \boldsymbol{\varepsilon} - k_\theta(\dot{\boldsymbol{\varepsilon}} + k_\varepsilon \boldsymbol{\varepsilon})^{\mathrm{T}} \ddot{\boldsymbol{\rho}} \\ &\leqslant -\|\boldsymbol{e}\|(k_\varepsilon\|\boldsymbol{e}\| - k_\theta\|\ddot{\boldsymbol{\rho}}\|) \end{aligned} \tag{4.34}$$

假设 ε-子系统以 $\ddot{\boldsymbol{\rho}}(t)$ 为输入，因此有 $\ddot{\boldsymbol{\rho}}(t)$ 是有界的，若令

$$k_\varepsilon\|\boldsymbol{e}\| - k_\theta\|\ddot{\boldsymbol{\rho}}\| \geqslant 0 \tag{4.35}$$

也就是

$$\|\boldsymbol{e}(t)\| \geqslant \frac{k_\theta}{k_\varepsilon}\|\ddot{\boldsymbol{\rho}}\| \tag{4.36}$$

则有如下结果：

$$\dot{V}_\varepsilon(t) \leqslant 0 \tag{4.37}$$

因此，由上述分析可知有如下结论：

$$\|\boldsymbol{e}(t)\| \leqslant \beta_{\varepsilon}(\|\boldsymbol{e}(0)\|, t) + \frac{k_\theta}{k_\varepsilon}\|\ddot{\boldsymbol{\rho}}(t)\| \tag{4.38}$$

其中，$\beta_\varepsilon \in \mathcal{KL}$[16]表明式(4.31)所定义的$\varepsilon$-子系统以$\ddot{\boldsymbol{\rho}}(t)$为输入是 ISS 的[16,17]。

接下来，为证明式(4.26)所定义的ρ-子系统亦为 ISS 的，选取如下非负函数作为 ISS-Lyapunov 函数：

$$V_\rho(t) = \frac{1}{2}lC_y^2\dot{\theta}_x^2 + \frac{1}{2}l\dot{\theta}_y^2 + g(1 - C_xC_y) \tag{4.39}$$

对式(4.39)两边分别求导可得

$$\dot{V}_\rho(t) = -lS_yC_y\dot{\theta}_y\dot{\theta}_x^2 + lC_y^2\dot{\theta}_x\ddot{\theta}_x + l\dot{\theta}_y\ddot{\theta}_y + gS_xC_y\dot{\theta}_x + gC_xS_y\dot{\theta}_y \tag{4.40}$$

利用式(4.15)和式(4.16)对式(4.40)进行化简并进行整理可得如下结果：

$$\dot{V}_\rho(t) = -(C_xC_y\dot{\theta}_x - S_xS_y\dot{\theta}_y)\ddot{x} - C_y\dot{\theta}_y\ddot{y} \tag{4.41}$$

进一步结合方程(4.24)和方程(4.31)可重写为如下形式：

$$\dot{V}_\rho(t) = -\ddot{\boldsymbol{\rho}}^{\mathrm{T}} \leqslant -\|\ddot{\boldsymbol{\rho}}\|\left[(k_a + k_\theta)\|\ddot{\boldsymbol{\rho}}\| - 2k_\varepsilon\|\boldsymbol{e}\| - \|\ddot{\boldsymbol{r}}\|\right] \tag{4.42}$$

其中，$\ddot{\boldsymbol{\rho}}(t) = [C_xC_y\dot{\theta}_x - S_xS_y\dot{\theta}_y \quad C_y\dot{\theta}_y]^{\mathrm{T}}$。因此，若存在：

$$\|\ddot{\boldsymbol{\rho}}(t)\| \geqslant \frac{2k_\varepsilon}{k_\theta + k_a}\|\boldsymbol{e}(t)\| + \frac{1}{k_\theta + k_a}\|\ddot{\boldsymbol{r}}(t)\| \tag{4.43}$$

则如下不等式成立：

$$\dot{V}_\rho(t) \leqslant 0 \tag{4.44}$$

综合分析式(4.42)和式(4.43)可得

$$\|\ddot{\boldsymbol{\rho}}(t)\| \leqslant \beta_\rho(\|\boldsymbol{\rho}(0)\|, t) + \frac{2k_\varepsilon}{k_\theta + k_a}\|\boldsymbol{e}(t)\| + \frac{1}{k_\theta + k_a}\|\ddot{\boldsymbol{r}}(t)\| \tag{4.45}$$

其中，$\beta_\rho \in \mathcal{KL}$意味着式(4.26)所定义的$\rho$-子系统以$\boldsymbol{e}(t)$和$\ddot{\boldsymbol{r}}(t)$作为输入是 ISS 的[16,17]。

根据式(4.38)和式(4.45)结论并结合上述参考轨迹的约束条件[15]——台车参考运动轨迹的二阶导数有界，易得如下结论：

$$\boldsymbol{e}(t), \ddot{\boldsymbol{\rho}}(t) \in \mathcal{L}_\infty \tag{4.46}$$

联合向量 $\boldsymbol{e}(t)$ 的具体表达式(4.32)及负载摆动的范围式(4.19)可进一步说明如下结论成立：

$$\dot{\boldsymbol{\varepsilon}}(t), \boldsymbol{\varepsilon}(t), \dot{\boldsymbol{\rho}}(t) \in \mathcal{L}_\infty \tag{4.47}$$

此外，根据假设式(4.19)、式(4.23)和式(4.47)结论可知 $\dot{\boldsymbol{\vartheta}}(t) \in \mathcal{L}_\infty$。

为证明整个闭环系统式(4.7)～式(4.10)是稳定的，接下来将 ρ-子系统和 ε-子系统看作如图 4.2 所示的互联系统。由于控制器式(4.27)所选取的控制增益 k_θ 和 k_a 满足如下式所给的小增益条件[16,17]：

$$\frac{k_\theta}{k_\varepsilon} \cdot \frac{2k_\varepsilon}{k_\theta + k_a} = \frac{2k_\theta}{k_\theta + k_a} < 1 \tag{4.48}$$

因此，以 $\ddot{\boldsymbol{r}}(t)$ 作为输入的整个系统是 ISS 的。

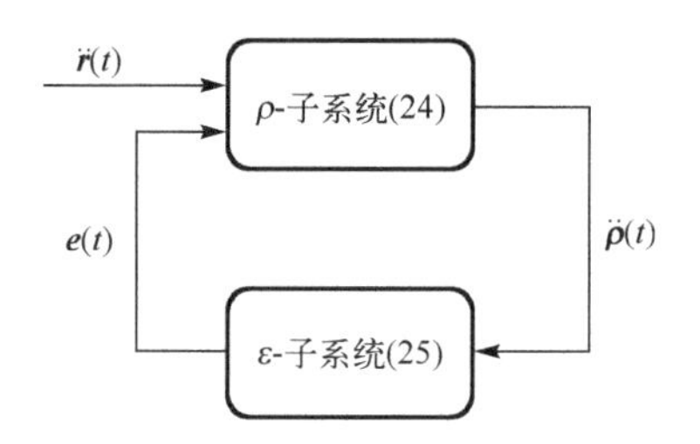

图 4.2　互联系统示意图

最后，为分析整个闭环系统状态的收敛性，定义 $\mathcal{S}$ 代表如下不变集：

$$\mathcal{S} = \left\{ (\boldsymbol{\vartheta} \quad \dot{\boldsymbol{\vartheta}} \quad \boldsymbol{\theta} \quad \dot{\boldsymbol{\theta}}), t \geqslant t_f \mid \boldsymbol{\varepsilon} = 0, \dot{\boldsymbol{\varepsilon}} = 0, \ddot{\boldsymbol{\rho}} = 0 \right\} \tag{4.49}$$

由前面给出的台车参考运动轨迹的约束条件[15]——在有限的时间 $t_f \in \mathbb{R}^+$ 内达到预设的固定值 p_d 及在有限时间 t_f 后参考运动轨迹的一阶导数为零，可知在集合 $\mathcal{S}$ 中存在如下等式：

$$\boldsymbol{r} = [p_{dx} \quad p_{dy}]^{\mathrm{T}}, \quad \dot{\boldsymbol{r}} = [0 \quad 0]^{\mathrm{T}} \tag{4.50}$$

由假设 4.1 和上述定义的不变集式(4.49)可得如下结论：

$$C_x C_y \dot{\theta}_x - S_x S_y \dot{\theta}_y = 0, \quad C_y \dot{\theta}_y = 0 \Rightarrow \dot{\theta}_x = 0, \quad \dot{\theta}_y = 0 \tag{4.51}$$

意味着在不变集 $\mathcal{S}$ 中存在：

$$\theta_x(t)=c_1,\quad \theta_y(t)=c_2 \tag{4.52}$$

$c_i \in \mathbb{R}\ (i\in\mathbb{N}^+)$代表常量。

为确定不变集$\mathcal{S}$中$\theta_x(t)$和$\theta_y(t)$的值，将分如下两种情况进行讨论。

情形 1：$\theta_x=0$且$\theta_y=0$。此时，结合$\boldsymbol{\varepsilon}=0$我们可得如下结论：

$$\ddot{\theta}_x=0,\quad \dot{x}=k_aS_xC_y=0\Rightarrow \ddot{x}=0 \tag{4.53}$$

$$\ddot{\theta}_y=0,\quad \dot{y}=k_aS_y=0\Rightarrow \ddot{y}=0 \tag{4.54}$$

情形 2：$\theta_x\neq 0$或$\theta_y\neq 0$。由式(4.52)可知，在不变集$\mathcal{S}$中$\theta_x(t)$和$\theta_y(t)$均为常数，联合$\boldsymbol{\varepsilon}=0$易得如下结论：

$$\ddot{\theta}_x=0,\quad \dot{x}=k_aS_xC_y=c_3\Rightarrow \ddot{x}=0 \tag{4.55}$$

$$\ddot{\theta}_y=0,\quad \dot{y}=k_aS_y=c_4\Rightarrow \ddot{y}=0 \tag{4.56}$$

那么，从式(4.15)、式(4.16)、式(4.51)、式(4.55)和式(4.56)可进一步得出如下结果：

$$C_xC_y\ddot{x}+lC_y^2\ddot{\theta}_x-2lS_yC_y\dot{\theta}_x\dot{\theta}_y+gS_xC_y=0\Rightarrow gS_xC_y=0\Rightarrow \theta_x=0 \tag{4.57}$$

$$S_xS_y\ddot{x}-C_y\ddot{y}-l\ddot{\theta}_y-lS_yC_y\dot{\theta}_x^2-gC_xS_y=0\Rightarrow gC_xS_y=0\Rightarrow \theta_y=0 \tag{4.58}$$

上述结论式(4.57)和式(4.58)与情形 2 假设$\theta_x\neq 0$或$\theta_y\neq 0$矛盾，故情形 2 假设不成立。

因此，从上述情形 1 和情形 2 的分析可知，在不变集$\mathcal{S}$中，存在如下结论：

$$\dot{x}=0,\quad x_d-x+k_a\int_0^t S_x(\tau)C_y(\tau)\mathrm{d}\tau=0 \tag{4.59}$$

$$\dot{y}=0,\quad y_d-y+k_a\int_0^t S_y(\tau)\mathrm{d}\tau=0 \tag{4.60}$$

在实际台车运送过程中，为保证安全平稳地传送货物，台车/桥架的加速度通常满足如下条件[11,15,18,19]：

$$\max|\ddot{x}(t)|\ll g,\quad \max|\ddot{y}(t)|\ll g \tag{4.61}$$

在这种情形下，运送过程中负载的摆角非常小，一般满足下列近似关系：

$$\sin\theta_x \approx \theta_x,\quad \sin\theta_y \approx \theta_y,\quad \cos\theta_x \approx 1,\quad \cos\theta_y \approx 1 \tag{4.62}$$

因此，可通过上述近似关系对运动学方程(4.15)和方程(4.16)进行简化并解耦写为如下两个方程[6,11,18,19]：

$$\ddot{x} + l\ddot{\theta}_x + g\theta_x = 0 \tag{4.63}$$

$$\ddot{y} + l\ddot{\theta}_y + g\theta_y = 0 \tag{4.64}$$

上述两式结合近似关系 $S_xC_y = \theta_x$ 和 $S_y = \theta_y$ 表明：

$$\theta_x = -\frac{l\ddot{\theta}_x + \ddot{x}}{g} \Rightarrow \int_0^t S_x(\tau)C_y(\tau)\mathrm{d}\tau = -\frac{1}{g}(l\dot{\theta}_x + \dot{x}) = 0 \tag{4.65}$$

$$\theta_y = -\frac{l\ddot{\theta}_y + \ddot{y}}{g} \Rightarrow \int_0^t S_y(\tau)\mathrm{d}\tau = -\frac{1}{g}(l\dot{\theta}_y + \dot{y}) = 0 \tag{4.66}$$

联合式(4.59)和式(4.60)进一步可得

$$p_{dx} - x = 0 \Rightarrow x = p_{dx} \tag{4.67}$$

$$p_{dy} - y = 0 \Rightarrow y = p_{dy} \tag{4.68}$$

$$\boldsymbol{\rho}(t), \boldsymbol{\vartheta}(t) \in \mathcal{L}_\infty \tag{4.69}$$

显然，综合上述分析过程，易得式(4.27)所给出的控制器有界，即 $\boldsymbol{F}(t) \in \mathcal{L}_\infty$。至此，定理 4.1 的结论式(4.30)得证。证明完毕。

注 4.1　一般地，类似于文献[13,14,20]所提出的轨迹规划方法，参考加速度轨迹 $\ddot{\boldsymbol{r}}(t)$ 均具有具体的解析表达式。因此，无须额外的方法估计类似于参考加速度轨迹这样的高阶微分信号。

4.5　实验结果与分析

本节将利用如图 2.2 所示的桥式吊车实验平台通过实际测试对本章所提方

法进行验证分析。具体而言，本节首先分别对本章所提方法式(4.27)的跟踪控制性能和调节控制性能进行了实验测试；在调节控制的实验测试中，本节将所提方法的调节控制性能与现有方法的调节控制性能进行对比分析；最后，通过改变系统参数测试了本章所提方法针对不确定系统参数的鲁棒性。图 2.2 所示桥式吊车实验平台的物理参数设置为

$$m_x = 7\text{kg},\quad m_y = 22\text{kg},\quad m = 1.025\text{kg},\quad l = 0.8\text{m},\quad g = 9.8\text{m/s}^2 \tag{4.70}$$

在随后的实验测试过程中，台车的初始位置选取为

$$x(0) = 0,\quad y(0) = 0 \tag{4.71}$$

台车的目标位置定为

$$p_{dx} = 0.6\text{m},\quad p_{dy} = 0.4\text{m} \tag{4.72}$$

经反复实验测试后，摩擦力模型式(2.4)中摩擦参数 $F_{r0x}, F_{r0y}, \mu_x, \mu_y, k_{rx}, k_{ry} \in \mathbb{R}$ 的值选取为

$$F_{r0x} = 4.4,\quad F_{r0y} = 8,\quad \mu_x = 0.01,\quad \mu_y = 0.01,\quad k_{rx} = -0.5,\quad k_{ry} = -1.2 \tag{4.73}$$

经过调试以后，本章所提方法的控制增益选择如下：

$$k_{\varepsilon x} = 1.4,\quad k_{ax} = 3,\quad k_{\theta x} = 2,\quad k_{\varepsilon y} = 1.5,\quad k_{ay} = 2.5,\quad k_{\theta y} = 2 \tag{4.74}$$

注 4.2　为便于理论分析，本章将控制器式(4.27)在 X 方向和 Y 方向上的控制增益 $(k_\varepsilon, k_a, k_\theta)$ 设置为相同。然而，通过大量实验发现，当两个方向的控制增益不同时可得到更好的控制效果。因此，对于随后的实验测试，两个方向上的控制增益将分开设置。

4.5.1　跟踪控制测试

本节将对控制器的跟踪控制性能进行测试，根据前文所述跟踪参考轨迹需满足的条件，此处选取文献[13]中所设计的轨迹作为跟踪轨迹用于跟踪控制性能测试，其具体表达式如下所示：

$$r_\epsilon = \frac{p_{d\epsilon}}{2} + \frac{1}{2k_{2\epsilon}} \ln\left[\frac{\cosh(k_{1\epsilon}t - \eta_\epsilon)}{\cosh(k_{1\epsilon}t - \eta_\epsilon - k_{2\epsilon}p_{d\epsilon})}\right] \tag{4.75}$$

其中，参数分别设置为

$$k_{1\epsilon}=1,\quad k_{2\epsilon}=2,\quad \eta_{\epsilon}=3(\epsilon=x,y) \tag{4.76}$$

对式(4.75)两边关于时间连续进行两次求导，可分别得到参考速度轨迹和参考加速度轨迹，分别为

$$\dot{r}_{\epsilon}=\frac{k_{1\epsilon}}{k_{2\epsilon}}\frac{\tanh(k_{1\epsilon}t-\eta_{\epsilon})-\tanh(k_{1\epsilon}t-\eta_{\epsilon}-k_{2\epsilon}p_{d\epsilon})}{2} \tag{4.77}$$

$$\ddot{r}_{\epsilon}=\frac{k_{1\epsilon}^2}{2k_{2\epsilon}}\left[\frac{1}{\cosh^2(k_{1\epsilon}t-\eta_{\epsilon})}-\frac{1}{\cosh^2(k_{1\epsilon}t-\eta_{\epsilon}-k_{2\epsilon}p_{d\epsilon})}\right] \tag{4.78}$$

图 4.3 给出了这一部分的实验测试结果。从图中可以看出，在本章所提方法的作用下，整个运送过程中台车始终沿着参考轨迹进行运动，且最终到达了目标位置，并且台车到达目标位置以后负载摆动得以消除，本章方法表现出良好的抑制和消除负载摆动的性能。此外，进一步观察实验结果可发现虽然文献[13]所设计的参考轨迹未充分考虑吊车系统的消摆控制目标，但本章通过引入抗摆信号有效地解决了这一不足之处。

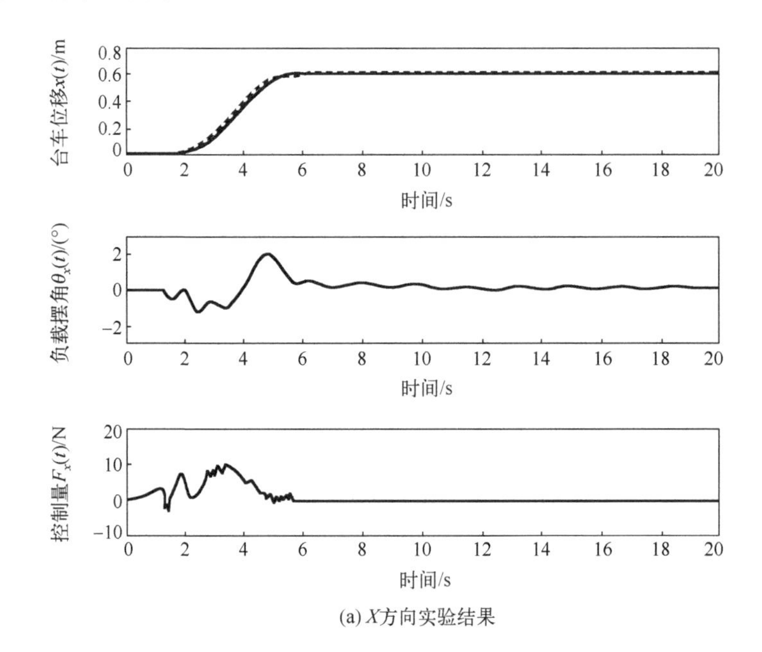

(a) X方向实验结果

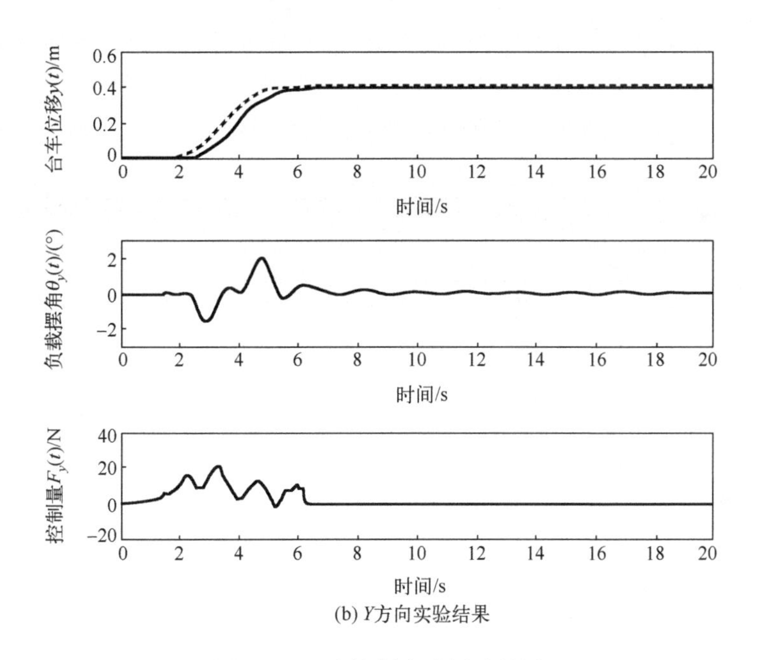

(b) Y方向实验结果

图 4.3　跟踪控制实验测试结果

（实线：实验结果，长虚线：参考运动轨迹）

4.5.2　调节控制测试

为验证本章所提方法的调节控制性能，接下来将进行一组对比实验，将其与已有文献中的方法进行对比分析。为此，选取文献[1]所提出的动能耦合控制方法进行对比测试，其具体表达式如下：

$$\boldsymbol{F}_{\text{tke}} = \frac{-k_d\dot{\boldsymbol{\zeta}} - k_p\boldsymbol{e} - k_v\boldsymbol{P}^{-1}\boldsymbol{W} - \dfrac{1}{2}k_v\left[\dfrac{\mathrm{d}}{\mathrm{d}t}(\det(\boldsymbol{M}_I)\boldsymbol{P}^{-1})\right]\dot{\boldsymbol{\zeta}}}{k_E + k_v} \tag{4.79}$$

其中，$k_p,k_d,k_E,k_v \in \mathbb{R}^+$表示正控制增益，其值经过充分调试后选择如下：

$$k_{px} = 20,\quad k_{dx} = 15,\quad k_{py} = 70,\quad k_{dy} = 12,\quad k_E = 0.6,\quad k_v = 0.4 \tag{4.80}$$

并且

$$\boldsymbol{e}(t) = [x - p_{dx} \quad y - p_{dy}]^{\mathrm{T}},\quad \boldsymbol{\zeta}(t) = [x(t) \quad y(t)]^{\mathrm{T}} \tag{4.81}$$

分别表示台车的定位误差和台车的位置。$\boldsymbol{M}_I \in \mathbb{R}^{4\times4}$表示惯量矩阵；$\boldsymbol{P} \in \mathbb{R}^{2\times2}$和

$\boldsymbol{W} \in \mathbb{R}^{2\times 2}$ 分别为与系统状态有关的矩阵。为了简便起见，此处省略了上述矩阵的具体表达式。

图 4.4 和图 4.5 分别给出了两种控制方法的实验结果。通过观察两图可知两

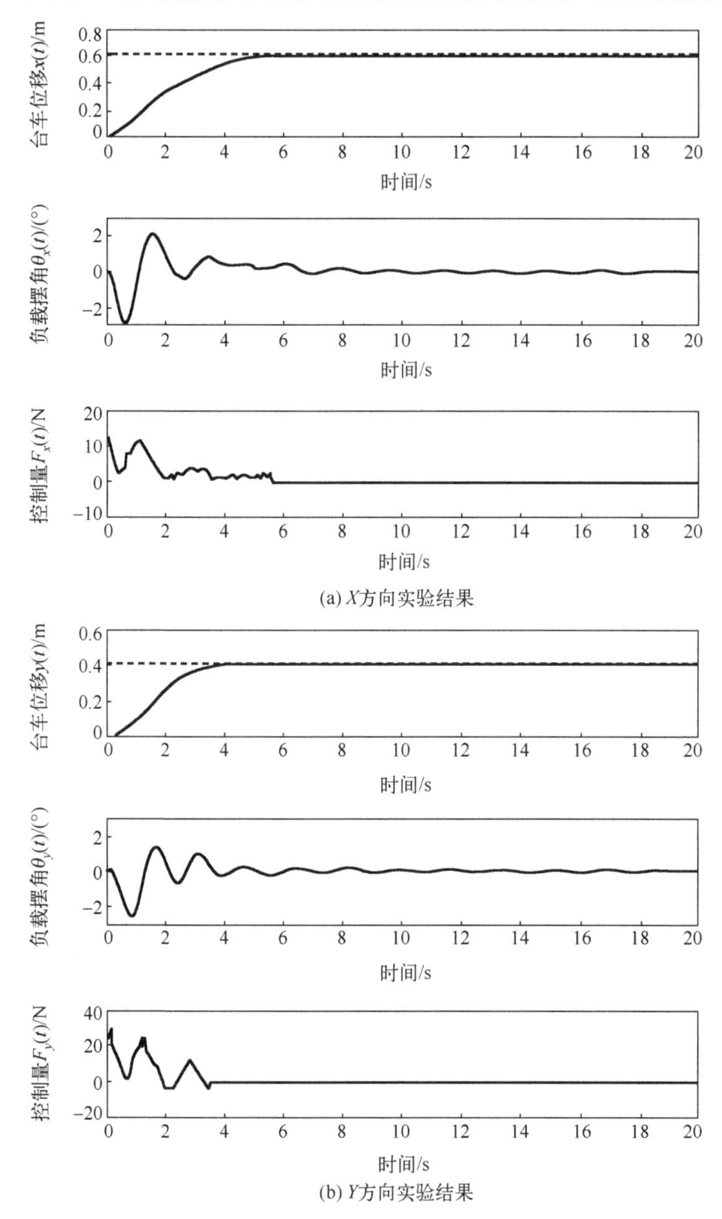

(a) X方向实验结果

(b) Y方向实验结果

图 4.4　本章控制方法式(4.27)

（实线：实验结果，长虚线：目标位置 $p_{dx} = 0.6\text{m}$ ， $p_{dy} = 0.4\text{m}$ ）

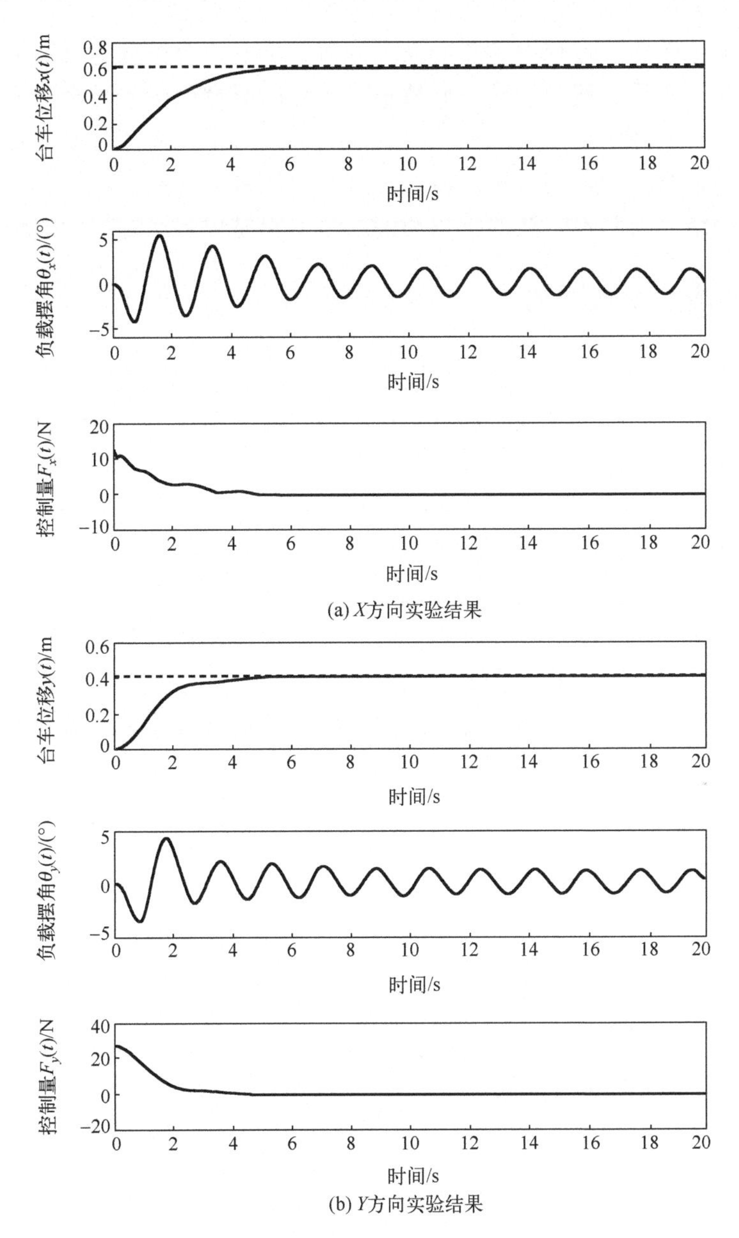

图 4.5　文献[1]控制方法式(4.79)

（实线：实验结果，长虚线：目标位置 $p_{dx}=0.6\text{m}$ ， $p_{dy}=0.4\text{m}$ ）

种方法均能将台车定位于目标位置，并且两者所用的运送时间基本相同，均为 6s 左右。不同的是，对于运送过程中负载摆动的抑制以及台车到达目标位置后残余摆动的消除情况。由图 4.5 可知，在现有动能耦合控制方法式(4.79)的作用下，台车运送负载过程中负载的摆动幅值大于5°，台车到达目标位置上方以后负载仍存在严重的残余摆动，此情形在实际应用过程中势必会降低吊车系统的运送效率。本章所提方法的实验结果如图 4.4 所示，由图可发现台车运送负载过程中负载的摆动幅值为3°左右，且台车到达目标位置以后负载几乎无残余摆动。实验结果表明本方法的抗摆和消摆性能明显优于已有控制方法。

4.5.3　不确定参数测试

对于同一吊车而言，不同的传输任务所传送的负载重量可能不同，吊绳的长度也可能不同。为了测试所提方法针对不同系统参数的鲁棒性，接下来将通过改变系统参数进行一组鲁棒性实验测试。为此，本组将负载质量和吊绳长度分别由原来的 $m=1.025\text{kg}$ 和 $l=0.8\text{m}$ 改变为 $m=2.025\text{kg}$ 和 $l=0.75\text{m}$，同时，它们的名义值仍为式(4.70)所给参数值，控制器的控制增益仍选取式(4.74)所给值。

本组实验结果如图 4.6 所示，通过与在精确模型信息情况下的实验结果图 4.4 对比可发现，即使改变负载质量和吊绳长度，本章所提方法的控制性能几乎不受影响，其中，台车的运送时间(即台车从初始位置到目标位置所用时间)、运送过程中负载的摆动幅度以及到达目标位置以后的收敛速度等系统性能都基本相同。

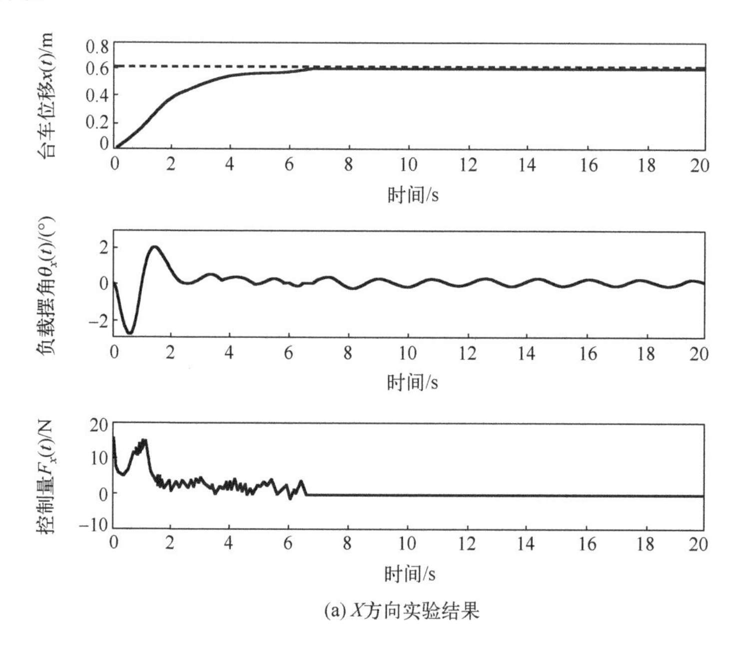

(a) X方向实验结果

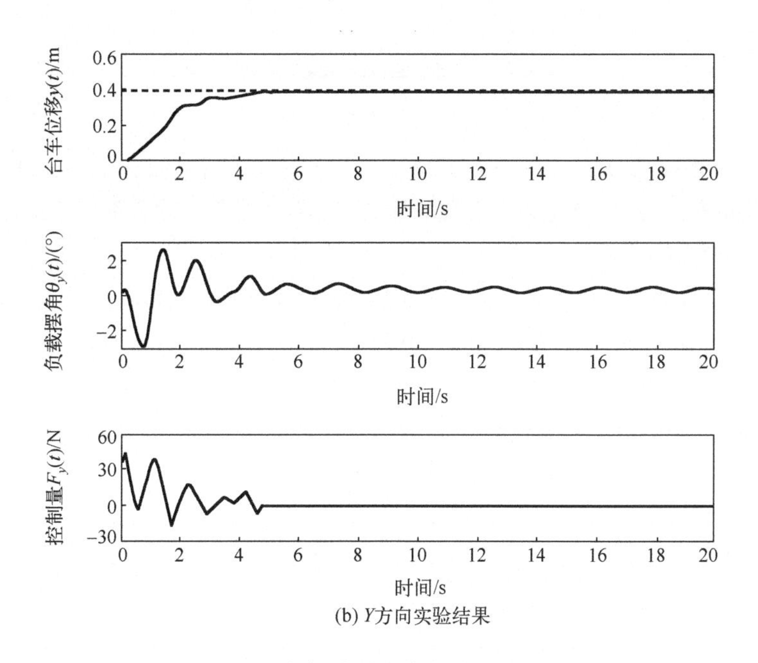

(b) Y方向实验结果

图 4.6　改变系统参数实验测试结果

（实线：实验结果，长虚线：目标位置 $p_{dx}=0.6\text{m}$， $p_{dy}=0.4\text{m}$）

4.6　小　　结

针对三维桥式吊车，本章提出了一种增强抗摆的轨迹跟踪控制律，该方法既可用于轨迹跟踪控制，也可用于调节控制。具体而言，为了便于控制器的设计，首先将原系统模型分成了可直接驱动部分和不可直接驱动部分。随后，为了提高系统的抗摆效果，引入了一个抗摆信号，并在此基础上定义了新的定位误差信号，原系统被看作由两个子系统组成的互联系统。接下来，在该互联系统基础上，根据部分反馈线性化理论针对三维吊车设计了一种新的控制律。最后，理论分析得出各子系统和整个互联系统均为 ISS 的，借助 LaSalle 不变性原理证明了系统平衡点的渐近稳定性。通过实际的实验测试验证了所提方法的有效性和优越性。

参 考 文 献

[1] Fang Y, Dixon W E, Dawson D M, et al. Nonlinear coupling control laws for an underactuated overhead crane system[J]. IEEE/ASME Transactions on Mechatronics, 2003, 8(3): 418-423.

[2] Chwa D. Nonlinear tracking control of 3-D overhead cranes against the initial swing angle and the variation of payload weight[J]. IEEE Transactions on Control Systems Technology, 2009, 17(4): 876-883.

[3] Yang J H, Shen S H. Novel approach for adaptive tracking control of a 3-D overhead crane system[J]. Journal of Intelligent & Robotic Systems, 2011, 62(1): 59-80.

[4] Tuan L A, Lee S G, Ko D H, et al. Combined control with sliding mode and partial feedback linearization for 3D overhead cranes[J]. International Journal of Robust and Nonlinear Control, 2014, 24(18): 3372-3386.

[5] Tuan L A, Lee S G, Nho L C, et al. Model reference adaptive sliding mode control for three dimensional overhead cranes[J]. International Journal of Precision Engineering and Manufacturing, 2013, 14(8): 1329-1338.

[6] Cho S K, Lee H H. A fuzzy-logic antiswing controller for three-dimensional overhead cranes[J]. ISA Transactions, 2002, 41(2): 235-243.

[7] Saadat M. Anti-swing fuzzy controller design for a 3D overhead crane[J]. Journal of Modern Processes in Manufacturing and Production, 2015, 4(2): 57-66.

[8] Ma B, Fang Y, Zhang X, et al. Modeling and simulation for a 3D over-head crane[C]//Proceedings of the 7th World Congress on Intelligent Control and Automation, Chongqing, China, 2008: 2564-2569.

[9] Mehra R, Satpute S, Kazi F, et al. Geometric-PBC based control of 4-DOF underactuated overhead crane system[C]//Proceedings of the 21st International Symposium on Mathematical Theory of Networks and Systems, Groningen, The Netherlands, 2014: 1232-1237.

[10] Makkar C, Hu G, Sawyer W G, et al. Lyapunov-based tracking control in the presence of uncertain nonlinear parameterizable friction[J]. IEEE Transactions on Automatic Control, 2007, 52(10): 1988-1994.

[11] Lee H H. Modeling and control of a three-dimensional overhead crane[J]. Journal of Dynamic Systems, Measurement, and Control, 1998, 120(4): 471-476.

[12] Almutairi N B, Zribi M. Sliding mode control of a three-dimensional overhead crane[J]. Journal of Vibration and Control, 2009, 15(11): 1679-1730.

[13] Fang Y, Ma B, Wang P, et al. A motion planning-based adaptive control method for an underactuated crane system[J]. IEEE Transactions on Control Systems Technology, 2012, 20(1): 241-248.

[14] Lee H H. Motion planning for three-dimensional overhead cranes with high-speed load hoisting[J]. International Journal of Control, 2005, 78(12): 875-886.

[15] Sun N, Fang Y, Zhang Y, et al. A novel kinematic coupling-based trajectory planning method for overhead cranes[J]. IEEE/ASME Transactions on Mechatronics, 2012, 17(1): 166-173.

[16] Khalil H K. Nonlinear Systems[M]. 3rd ed. Upper Saddle River: Prentice Hall, 2002.

[17] Jiang Z P, Teel A R, Praly L. Small-gain theorem for ISS systems and applications[J]. Mathematics of Control, Signals and Systems, 1994, 7(2): 95-120.

[18] Liu D, Yi J, Zhao D, et al. Adaptive sliding mode fuzzy control for a two-dimensional overhead crane[J]. Mechatronics, 2005, 15(15): 505-522.

[19] Vázquez C, Collado J, Fridman L. Control of a parametrically excited crane: A vector Lyapunov approach[J]. IEEE Transactions on Control Systems Technology, 2013, 21(6): 2332-2340.

[20] Wu X, He X, Sun N. An analytical trajectory planning method for underactuated overhead cranes with constraints[C]//Proceedings of the 33rd Chinese Control Conference, Nanjing, China, 2014: 1966-1971.

第 5 章　部分受限的增强耦合控制方法

5.1　引　　言

桥式吊车具有欠驱动特性，即仅能操纵台车的水平运动，而无法直接对负载的空间摆动施加控制。因此，其控制问题相对全驱动系统更加困难[1-3]。不同的运输任务将导致不同的绳长，系统的阻尼特性会随之发生变化[4,5]。另外，当目标位置过远时，过大的初始控制力将使台车加速过快，可能与周围的人或事物碰撞[6]。一般来讲，系统的总能量是一个合适的 Lyapunov 函数，可用于研究标准哈密顿系统的稳定性[7]。桥式吊车本质上是标准汉密尔顿系统，可基于能量分析技术为吊车系统设计物理意义明确的控制策略。为此，本章基于互联阻尼分配方法提出了一种增强耦合的控制策略，以实现台车定位和负载消摆的双重目标。首先，假设所构造的新型 Lyapunov 函数与能量函数形式相似，但具有新的惯性矩阵和势能函数。接着，通过保证耦合耗散不等式非正来反向推导控制律。与大多数只修改广义惯性矩阵和势能函数的能量整形方法不同[8,9]，本方法结合台车运动与负载摆角构造了一种新型复合信号，为闭环系统的动力学特性提供足够的阻尼以增强抗摆效果。此外，得益于该复合信号的特殊结构，所提控制器在吊绳长度不同的情况下可以有效地抑制负载振荡。在初始条件为零的情况下，所提控制律的初始控制作用有界，从而使得台车平稳启动。稳定性分析由 Lyapunov 技术和 LaSalle 不变集原理展开。为了验证所提控制器的控制效果，进行了仿真和物理实验。验证过程证实，与三种现有方法相比，所提策略在台车定位和负载摆角抑制方面表现更好。

本章的剩余部分安排如下：5.2 节介绍了二维桥式吊车的动力学模型；在 5.3 节中，给出了具有新耗散性的储能函数以及控制器的设计，并对所提方法的扩展性进行了讨论；5.4 节讨论了所得闭环系统的稳定性；5.5 节中，展示了仿真和实验结果以验证所提方法的消摆效果及鲁棒性；5.6 节给出了本章的总结。

5.2　问 题 描 述

回顾二维桥式吊车的动力学模型，其微分方程如下：

$$(M+m)\ddot{x}+ml\ddot{\theta}\cos\theta-ml\dot{\theta}^2\sin\theta=F_x \tag{5.1}$$

$$ml^2\ddot{\theta}+ml\cos\theta\ddot{x}+mgl\sin\theta=0 \tag{5.2}$$

式中，M 和 m 分别是台车以及负载的质量；l 表示绳索长度；g 为重力加速度，u 是施加在台车上的推力，定义为

$$F_x=F_{ax}-F_{rx} \tag{5.3}$$

其中，F_{ax} 表示电机驱动力，F_{rx} 表示台车与导轨之间的摩擦力，具体表达式为

$$F_{rx}=F_{r0x}\tanh\left(\frac{\dot{x}}{\mu_x}\right)-k_{rx}|\dot{x}|\dot{x} \tag{5.4}$$

其中，F_{r0x} 和 μ_x 代表与静摩擦有关的参数，k_{rx} 是与黏性摩擦有关的参数。这些参数可以通过离线实验测试来确定。

为了更加紧凑，式(5.1)和式(5.2)可以写为

$$\boldsymbol{M}(\boldsymbol{q})\ddot{\boldsymbol{q}}+\boldsymbol{C}(\boldsymbol{q},\dot{\boldsymbol{q}})\dot{\boldsymbol{q}}+\boldsymbol{G}(\boldsymbol{q})=\boldsymbol{\alpha}F_x \tag{5.5}$$

其中，$\boldsymbol{q}=[x,\theta]^{\mathrm{T}}$ 是广义坐标向量，$\boldsymbol{M}(\boldsymbol{q})\in\mathbb{R}^{2\times2}$ 是惯量矩阵，$\boldsymbol{C}(\boldsymbol{q})\in\mathbb{R}^{2\times2}$ 是向心-科式力矩阵，$\boldsymbol{G}(\boldsymbol{q})\in\mathbb{R}^{2\times1}$ 是重力向量，$\boldsymbol{\alpha}\in\mathbb{R}^{2\times1}$ 表示常数向量。具体地，

$$\boldsymbol{M}(\boldsymbol{q})=\begin{bmatrix} M+m & ml\cos\theta \\ ml\cos\theta & ml^2 \end{bmatrix}$$

$$\boldsymbol{C}(\boldsymbol{q},\dot{\boldsymbol{q}})=\begin{bmatrix} 0 & -ml\sin\theta\dot{\theta} \\ 0 & 0 \end{bmatrix}$$

$$\boldsymbol{G}(\boldsymbol{q})=\begin{bmatrix} 0 & mlg\sin\theta \end{bmatrix}^{\mathrm{T}}$$

$$\boldsymbol{\alpha}=\begin{bmatrix} 1 & 0 \end{bmatrix}^{\mathrm{T}}$$

注意到，欧拉-拉格朗日系统的以下属性成立，即

$$\boldsymbol{\epsilon}^{\mathrm{T}}\{\dot{\boldsymbol{M}}(\boldsymbol{q})-2\boldsymbol{C}(\boldsymbol{q},\dot{\boldsymbol{q}})\}\boldsymbol{\epsilon}=0,\quad \forall\boldsymbol{\epsilon}\in R^2 \tag{5.6}$$

考虑到吊车运行过程负载始终处在台车下方，因此负载摆角满足

$$-\frac{\pi}{2}<\theta(t)<\frac{\pi}{2},\quad \forall t\geqslant 0 \tag{5.7}$$

控制目标包括将台车移动到目标位置 p_{dx} 并消除负载摆动，即

$$\lim_{t\to\infty}(x,\dot{x},\theta,\dot{\theta})=\left(p_{dx},0,0,0\right) \tag{5.8}$$

5.3 储能函数构造及控制器设计

为增强系统的抗摆性能同时方便控制器设计，本节将构造一个新的储能函数。本节实现吊车控制目标的方法是增加台车运动与负载摆角之间的耦合。为了引入有益的阻尼效果，通过组合负载摆角和台车位置定义如下复合信号：

$$\varepsilon=x-\lambda\int_0^t\varphi(\theta(\tau))\mathrm{d}\tau \tag{5.9}$$

其中，λ 是一个正控制增益，$\varphi(\theta)$ 是待确定的与负载摆角有关的函数。

为了将台车驱动到期望位置，定义误差信号为

$$e_\varepsilon=\varepsilon-p_{dx}=x-\lambda\int_0^t\varphi(\theta(\tau))\mathrm{d}\tau-p_{dx} \tag{5.10}$$

进一步，定义误差向量及其导数为

$$\boldsymbol{e}=\begin{bmatrix}e_\varepsilon & \theta\end{bmatrix}^{\mathrm{T}}=\begin{bmatrix}x-\lambda\int_0^t\varphi(\theta(\tau))\mathrm{d}\tau-p_{dx} & \theta\end{bmatrix}^{\mathrm{T}} \tag{5.11}$$

$$\dot{\boldsymbol{e}}=\begin{bmatrix}\dot{e}_\varepsilon & \dot{\theta}\end{bmatrix}^{\mathrm{T}}=\begin{bmatrix}\dot{x}-\lambda\varphi(\theta) & \dot{\theta}\end{bmatrix}^{\mathrm{T}} \tag{5.12}$$

$$\ddot{\boldsymbol{e}}=\begin{bmatrix}\ddot{e}_\varepsilon & \ddot{\theta}\end{bmatrix}^{\mathrm{T}}=\begin{bmatrix}\ddot{x}-\lambda\dfrac{\partial\varphi(\theta)}{\partial\theta}\dot{\theta} & \ddot{\theta}\end{bmatrix}^{\mathrm{T}} \tag{5.13}$$

使用式(5.10)替换式(5.5)中的部分控制变量，原动力学模型可表示为

$$\boldsymbol{M}(\boldsymbol{q})\ddot{\boldsymbol{e}}+\boldsymbol{C}(\boldsymbol{q},\dot{\boldsymbol{q}})\dot{\boldsymbol{e}}+\boldsymbol{G}(\boldsymbol{q})+\boldsymbol{N}(\boldsymbol{q},\dot{\boldsymbol{q}})=\boldsymbol{\alpha}F_x \tag{5.14}$$

其中，

$$\boldsymbol{N} = \left[\lambda(M+m)\frac{\partial\varphi(\theta)}{\partial\theta}\dot{\theta} \quad \lambda ml\cos\theta\frac{\partial\varphi(\theta)}{\partial\theta}\dot{\theta} \right] \tag{5.15}$$

接下来，将上式用于构造新的储能函数。该储能函数应具有如下性质。第一，拥有简单的结构，从而显著简化控制器的设计；第二，在所需的平衡点处存在最小值。基于 Lyapunov 方法，考虑如下半正定标量函数：

$$V_d(t) = \frac{1}{2}\dot{\boldsymbol{e}}^{\mathrm{T}}\boldsymbol{M}_d\dot{\boldsymbol{e}} + P_d(\boldsymbol{e}) \tag{5.16}$$

其中，$\boldsymbol{M}_d$ 表示所需正定常数惯量矩阵，$P_d(e)$ 表示期待的目标势能函数。

对上式求导，很容易得到

$$\dot{V}_d(t) = \dot{\boldsymbol{e}}^{\mathrm{T}}\left(\boldsymbol{M}_d\ddot{\boldsymbol{e}} + \frac{\partial P_d(\boldsymbol{e})}{\partial\boldsymbol{e}}\right) \tag{5.17}$$

为了使闭环系统稳定，限定上式为

$$\dot{V}_d(t) = -\dot{\boldsymbol{e}}^{\mathrm{T}}\boldsymbol{H}_d(\boldsymbol{q})\dot{\boldsymbol{e}} \tag{5.18}$$

其中，$\boldsymbol{H}_d(\boldsymbol{q})$ 是目标阻尼矩阵。通过适当设置目标阻尼矩阵 $\boldsymbol{H}_d(\boldsymbol{q})$ 可以确保新设计的动力学方程(5.14)的稳定性。结合式(5.17)与式(5.18)可产生如下目标系统：

$$\boldsymbol{M}_d\ddot{\boldsymbol{e}} + \frac{\partial P_d(\boldsymbol{e})}{\partial\boldsymbol{e}} + \boldsymbol{H}_d(\boldsymbol{q})\dot{\boldsymbol{e}} = 0 \tag{5.19}$$

上式乘以 $\boldsymbol{M}_d^{-1}$ 并做整理，得出

$$\ddot{\boldsymbol{e}} = -\boldsymbol{M}_d^{-1}\frac{\partial P_d(\boldsymbol{e})}{\partial\boldsymbol{e}} - \boldsymbol{M}_d^{-1}\boldsymbol{H}_d(\boldsymbol{q})\dot{\boldsymbol{e}} \tag{5.20}$$

进一步，两边同乘 $\boldsymbol{M}(\boldsymbol{q})$ 可得

$$\boldsymbol{M}(\boldsymbol{q})\ddot{\boldsymbol{e}} = -\boldsymbol{M}(\boldsymbol{q})\boldsymbol{M}_d^{-1}\frac{\partial P_d(\boldsymbol{e})}{\partial\boldsymbol{e}} - \boldsymbol{M}(\boldsymbol{q})\boldsymbol{M}_d^{-1}\boldsymbol{H}_d(\boldsymbol{q})\dot{\boldsymbol{e}} \tag{5.21}$$

利用式(5.21)消除式(5.14)中的 $\boldsymbol{M}(\boldsymbol{q})\ddot{\boldsymbol{e}}$，可得

$$\boldsymbol{\alpha}F_x = \boldsymbol{C}(\boldsymbol{q},\dot{\boldsymbol{q}})\dot{\boldsymbol{e}} + \boldsymbol{G}(\boldsymbol{q}) + \boldsymbol{N}(\boldsymbol{q},\dot{\boldsymbol{q}}) - \boldsymbol{M}(\boldsymbol{q})\boldsymbol{M}_d^{-1}\frac{\partial P_d(\boldsymbol{e})}{\partial\boldsymbol{e}} - \boldsymbol{M}(\boldsymbol{q})\boldsymbol{M}_d^{-1}\boldsymbol{H}_d(\boldsymbol{q})\dot{\boldsymbol{e}} \tag{5.22}$$

根据其欠驱动特性，仅台车运动的动力学会受到控制分量的影响，因此，

$$\boldsymbol{\alpha}^{\perp}\boldsymbol{\alpha}F_x=\boldsymbol{\alpha}^{\perp}\left[\boldsymbol{C}(\boldsymbol{q},\dot{\boldsymbol{q}})\dot{\boldsymbol{e}}+\boldsymbol{G}(\boldsymbol{q})+\boldsymbol{N}(\boldsymbol{q},\dot{\boldsymbol{q}})-\boldsymbol{M}(\boldsymbol{q})\boldsymbol{M}_d^{-1}\frac{\partial P_d(\boldsymbol{e})}{\partial \boldsymbol{e}}-\boldsymbol{M}(\boldsymbol{q})\boldsymbol{M}_d^{-1}\boldsymbol{H}_d(\boldsymbol{q})\dot{\boldsymbol{e}}\right]=0 \tag{5.23}$$

其中，$\boldsymbol{\alpha}^{\perp}=\begin{bmatrix}0 & 1\end{bmatrix}$为$\boldsymbol{\alpha}$的左湮灭方程。上式可以用来设计$\boldsymbol{M}_d$、$P_d(\boldsymbol{e})$以及$\boldsymbol{H}_d(\boldsymbol{q})$。具体地，将式(5.23)一分为二，即

$$\boldsymbol{\alpha}^{\perp}\left[\boldsymbol{C}(\boldsymbol{q},\dot{\boldsymbol{q}})\dot{\boldsymbol{e}}+\boldsymbol{N}(\boldsymbol{q},\dot{\boldsymbol{q}})-\boldsymbol{M}(\boldsymbol{q})\boldsymbol{M}_d^{-1}\boldsymbol{H}_d(\boldsymbol{q})\dot{\boldsymbol{e}}\right]=0 \tag{5.24}$$

$$\boldsymbol{\alpha}^{\perp}\left[\boldsymbol{G}(\boldsymbol{q})-\boldsymbol{M}(\boldsymbol{q})\boldsymbol{M}_d^{-1}\frac{\partial P_d(\boldsymbol{e})}{\partial \boldsymbol{e}}\right]=0 \tag{5.25}$$

为了简化设计过程，将目标惯量矩阵$\boldsymbol{M}_d$设置为

$$\boldsymbol{M}_d=\begin{bmatrix}1 & 0\\ 0 & 1\end{bmatrix}\Rightarrow \boldsymbol{M}_d^{-1} \tag{5.26}$$

此外，注意到以下等式恒成立：

$$\boldsymbol{\alpha}^{\perp}\boldsymbol{C}(\boldsymbol{q},\dot{\boldsymbol{q}})\dot{\boldsymbol{e}}=\begin{bmatrix}0 & 1\end{bmatrix}\begin{bmatrix}0 & -ml\sin\theta\dot{\theta}\\ 0 & 0\end{bmatrix}\begin{bmatrix}\dot{e}_{\varepsilon}\\ \dot{\theta}\end{bmatrix}\equiv 0 \tag{5.27}$$

式(5.24)和式(5.25)可以简化为

$$\boldsymbol{\alpha}^{\perp}\left[\boldsymbol{N}(\boldsymbol{q},\dot{\boldsymbol{q}})-\boldsymbol{M}(\boldsymbol{q})\boldsymbol{H}_d(\boldsymbol{q})\dot{\boldsymbol{e}}\right]=0 \tag{5.28}$$

$$\boldsymbol{\alpha}^{\perp}\left[\boldsymbol{G}(\boldsymbol{q})-\boldsymbol{M}(\boldsymbol{q})\frac{\partial P_d(\boldsymbol{e})}{\partial \boldsymbol{e}}\right]=0 \tag{5.29}$$

对于式(5.28)，令$\boldsymbol{H}_d(\boldsymbol{q})$为

$$\boldsymbol{H}_d(\boldsymbol{q})=\boldsymbol{H}_{d1}(\boldsymbol{q})+\boldsymbol{H}_{d2}(\boldsymbol{q}) \tag{5.30}$$

$\boldsymbol{H}_{d1}(\boldsymbol{q})$和$\boldsymbol{H}_{d2}(\boldsymbol{q})$的选取应满足如下条件

$$\boldsymbol{\alpha}^{\perp}\left[\boldsymbol{N}(\boldsymbol{q},\dot{\boldsymbol{q}})-\boldsymbol{M}(\boldsymbol{q})\boldsymbol{H}_{d1}(\boldsymbol{q})\dot{\boldsymbol{e}}\right]=0 \tag{5.31}$$

$$\boldsymbol{\alpha}^{\perp}\boldsymbol{M}(\boldsymbol{q})\boldsymbol{H}_{d2}(\boldsymbol{q})\dot{\boldsymbol{e}}=0 \tag{5.32}$$

进一步，式(5.31)可展开为

$$[0 \quad 1]\left\{\begin{bmatrix}\lambda(M+m)\dfrac{\partial\varphi(\theta)}{\partial\theta}\dot{\theta}\\ \lambda ml\cos\theta\dfrac{\partial\varphi(\theta)}{\partial\theta}\dot{\theta}\end{bmatrix}-\begin{bmatrix}M+m & ml\cos\theta\\ ml\cos\theta & ml^2\end{bmatrix}\boldsymbol{H}_{d1}(\boldsymbol{q})\begin{bmatrix}\dot{e}_\varepsilon\\ \dot{\theta}\end{bmatrix}\right\}=0 \tag{5.33}$$

选取

$$\lambda = l \tag{5.34}$$

$$\varphi(\theta)=\sin\theta \tag{5.35}$$

$\boldsymbol{H}_{d1}(\boldsymbol{q})$ 可方便求得

$$\boldsymbol{H}_{d1}(\boldsymbol{q})=\begin{bmatrix}0 & 0\\ 0 & \cos^2\theta\end{bmatrix} \tag{5.36}$$

对于式(5.35)，$\boldsymbol{H}_{d2}(\boldsymbol{q})$ 可由下式确定：

$$\boldsymbol{H}_{d2}(\boldsymbol{q})=k_d\boldsymbol{M}^{-1}(\boldsymbol{q})\boldsymbol{\alpha}\boldsymbol{\alpha}^{\mathrm{T}}\boldsymbol{M}^{-1}(\boldsymbol{q})=\frac{k_d}{l^2(M+m\sin^2\theta)^2}\begin{bmatrix}l^2 & -l\cos\theta\\ -l\cos\theta & \cos^2\theta\end{bmatrix} \tag{5.37}$$

其中，k_d 是正控制增益。

结合式(5.30)、式(5.36)与式(5.37)，可得如下结论：

$$\boldsymbol{H}_d(\boldsymbol{q})=\frac{k_d}{l^2(M+m\sin^2\theta)^2}\begin{bmatrix}l^2 & -l\cos\theta\\ -l\cos\theta & \cos^2\theta\end{bmatrix}+\begin{bmatrix}0 & 0\\ 0 & \cos^2\theta\end{bmatrix} \tag{5.38}$$

易知，$\boldsymbol{H}_d(\boldsymbol{q})$ 是半正定矩阵。

接下来将讨论 $P_d(\boldsymbol{e})$ 的选取，将 $\boldsymbol{M}(\boldsymbol{q})$ 和 $\boldsymbol{G}(\boldsymbol{q})$ 代入式(5.29)可得

$$[0 \quad 1]\left\{\begin{bmatrix}0\\ mgl\sin\theta\end{bmatrix}-\begin{bmatrix}M+m & ml\cos\theta\\ ml\cos\theta & ml^2\end{bmatrix}\begin{bmatrix}\dfrac{\partial P_d}{\partial e_\varepsilon}\\ \dfrac{\partial P_d}{\partial\theta}\end{bmatrix}\right\}=0 \tag{5.39}$$

由上式可推知

$$\frac{\partial P_d(\boldsymbol{e})}{\partial\theta}=\frac{g}{l}\sin\theta-\frac{\cos\theta}{l}\frac{\partial P_d(\boldsymbol{e})}{\partial e_\varepsilon} \tag{5.40}$$

为了防止误差信号 $\boldsymbol{e}$ 使控制力过大，选取

$$\frac{\partial P_d(\boldsymbol{e})}{\partial e_\varepsilon}=k_p\tanh\left(e_\varepsilon-\frac{1}{l}\sin\theta\right) \tag{5.41}$$

并将上式代入式(5.40)可得

$$\frac{\partial P_d(\boldsymbol{e})}{\partial \theta}=\frac{g}{l}\sin\theta-\frac{k_p}{l}\tanh\left(e_\varepsilon-\frac{1}{l}\sin\theta\right)\cos\theta \tag{5.42}$$

基于式(5.41)和式(5.42)，$P_d(\boldsymbol{e})$可被确定为

$$P_d(\boldsymbol{e})=\frac{g}{l}(1-\cos\theta)+k_p\ln\left[\cosh\left(e_\varepsilon-\frac{1}{l}\sin\theta\right)\right] \tag{5.43}$$

至此，结合式(5.34)、式(5.35)、式(5.38)及式(5.43)，所需正定标量函数式(5.16)得以确定。

重新考虑式(5.22)，两边同乘$\boldsymbol{\alpha}$的左伪逆$\boldsymbol{\alpha}^-=\begin{bmatrix}0 & 1\end{bmatrix}$，可求解$F_x$如下：

$$F_x=\boldsymbol{\alpha}^-\left[\boldsymbol{C}(\boldsymbol{q},\dot{\boldsymbol{q}})\dot{\boldsymbol{e}}+\boldsymbol{G}(\boldsymbol{q})+\boldsymbol{N}(\boldsymbol{q},\dot{\boldsymbol{q}})-\boldsymbol{M}(\boldsymbol{q})\boldsymbol{M}_d^{-1}\frac{\partial P_d(\boldsymbol{e})}{\partial \boldsymbol{e}}-\boldsymbol{M}(\boldsymbol{q})\boldsymbol{M}_d^{-1}\boldsymbol{H}_d(\boldsymbol{q})\dot{\boldsymbol{e}}\right] \tag{5.44}$$

结合式(5.16)、式(5.34)、式(5.35)、式(5.38)及式(5.43)，上式可整理为如下形式：

$$F_x=-k_p(M+m\sin^2\theta)\left[\tanh\left(e_\varepsilon-\frac{1}{l}\sin\theta\right)-l\cos\theta\dot{\theta}\right]-\frac{k_d}{(M+m\sin^2\theta)}\left(\dot{e}_\varepsilon-\frac{1}{l}\cos\theta\dot{\theta}\right)-m\sin\theta(g\cos\theta+l\dot{\theta}^2) \tag{5.45}$$

对于零初始条件，即$\begin{bmatrix}x & \dot{x} & \theta & \dot{\theta}\end{bmatrix}=\begin{bmatrix}0 & 0 & 0 & 0\end{bmatrix}$，由于引入了双曲正切函数，该控制器的初始控制作用是有界的，即

$$|F_x(0)|=k_p|\tanh(p_{dx})|\leqslant k_p\min\{|p_{dx}|,1\} \tag{5.46}$$

这意味着，当台车目标位置较远距离起始点较远时，即$|e_\varepsilon|=|-p_{dx}|=p_{dx}\gg 1$时，所提控制器初始值小于$k_p$，进而实现台车软启动。此外，双曲正切函数还可以有效地减少负载运输过程中的控制作用，这将在 5.5 节中提供的仿真和实验中得到验证。

值得注意的是，$\dot{e}_\varepsilon-1/l\cos\theta\dot{\theta}=\dot{x}-l\sin\theta-1/l\cos\theta\dot{\theta}$，其中，$\theta$和$\dot{\theta}$的耦合耗散项分别具有阻尼系数$l$和$1/l$。当吊绳长度发生变化时，该复合信号始终处

于活跃状态，使负载振荡得以有效抑制。这表明所提出的方案对于不同的吊绳长度具有鲁棒性。由式(5.45)得出的闭环系统的框图如图 5.1 所示。

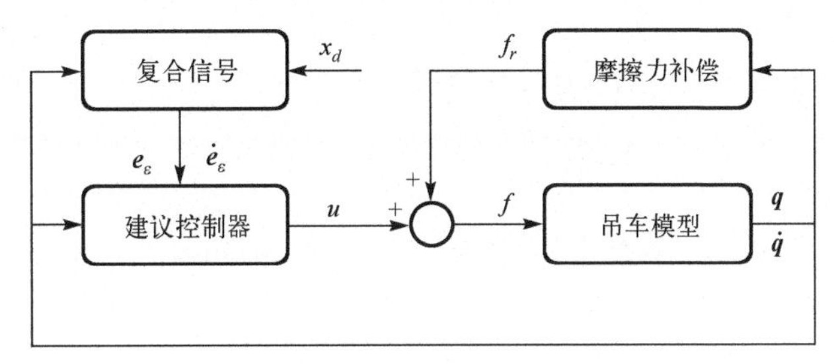

图 5.1　闭环控制系统框图

注记　由于桥式吊车模型为标准的 Euler-Lagrange 欠驱动系统，上述方法可能会适用于结构相似的欠驱动机械系统，如悬臂吊车、塔式吊车等。

5.4　稳定性分析

定理 5.1　在非线性控制律式(5.45)的作用下，台车可被准确地镇定至目标位置 p_{dx}，同时，负载摆动被有效抑制，即

$$\lim_{t\to\infty}(x,\dot{x},\theta,\dot{\theta})=\left(p_{dx},0,0,0\right) \tag{5.47}$$

证明　将以下半正定标量函数作为李雅普诺夫候选函数，有

$$V_d(t)=\frac{1}{2}\dot{\boldsymbol{e}}^{\mathrm{T}}\dot{\boldsymbol{e}}+\frac{g}{l}(1-\cos\theta)+k_p\ln\left[\cosh\left(e_\varepsilon-\frac{1}{l}\sin\theta\right)\right] \tag{5.48}$$

对上式求导并代入式(5.45)，有

$$\dot{V}_d(t)=-\frac{k_d}{\left(M+m\sin^2\theta\right)^2}\left(\dot{e}_\varepsilon-\frac{1}{l}\cos\theta\dot{\theta}\right)^2-\cos^2\theta\dot{\theta}^2\leqslant 0 \tag{5.49}$$

由此可知，对于任何有界的 $V_d(0)$，满足

$$V_d(t)\leqslant V_d(0)\Rightarrow V_d(t)\in\mathcal{L}_\infty \tag{5.50}$$

这表明

$$\varepsilon,e_\varepsilon,\dot{e}_\varepsilon,x,\dot{x},\dot{\theta},\int_0^t\sin\theta\mathrm{d}\tau\in\mathcal{L}_\infty \tag{5.51}$$

由式(5.1)，式(5.2)，式(5.45)和式(5.51)推知

$$\ddot{x},\ddot{\theta},F_x \in \mathcal{L}_\infty \tag{5.52}$$

为利用 LaSalle 不变性原理，定义如下集合：

$$\aleph = \left\{(x,\dot{x},\theta,\dot{\theta}) \middle| \ \dot{V}_d(t)=0\right\} \tag{5.53}$$

另外，定义 M 为 $\aleph$ 中最大不变集。由式(5.49)可知，在集合 $\aleph$ 中，

$$\dot{e}_\varepsilon - \frac{1}{l}\cos\theta\dot{\theta} = 0 \tag{5.54}$$

$$\dot{\theta} = 0 \tag{5.55}$$

显然，

$$\dot{e}_\varepsilon = \dot{x} - l\sin\theta = 0 \tag{5.56}$$

根据式(5.55)和式(5.56)，可得

$$\ddot{x} - l\cos\theta\dot{\theta} = 0 \tag{5.57}$$

$$\ddot{\theta} = 0 \tag{5.58}$$

因此，

$$\ddot{x} = 0 \tag{5.59}$$

将式(5.55)，式(5.58)和式(5.59)代入式(5.1)和式(5.2)，可得

$$\sin\theta = 0 \tag{5.60}$$

$$F_x = 0 \tag{5.61}$$

由式(5.7)，式(5.56)和式(5.60)，可推知

$$\theta = 0 \tag{5.62}$$

$$\dot{x} = 0 \tag{5.63}$$

接下来，将分析 x 的收敛性。由式(5.45)、式(5.61)、式(5.62)和式(5.63)，有如下结论：

$$e_{\varepsilon}=0 \Rightarrow x-p_{dx}=l\int_{0}^{t}\sin\theta \mathrm{d}\tau \tag{5.64}$$

根据小角度近似理论 $\sin\theta \approx \theta$ ，$\cos\theta \approx 1$，式(5.2)可简化为二阶振荡阻尼系统，即

$$l\ddot{\theta}+\ddot{x}+g\sin\theta=0 \tag{5.65}$$

对上式进行积分可得

$$\int_{0}^{t}\sin\theta \mathrm{d}\tau=-\frac{1}{g}(l\dot{\theta}+\dot{x}) \tag{5.66}$$

根据式(5.55)、式(5.63)、式(5.64)和式(5.66)，有

$$x=p_{dx} \tag{5.67}$$

从式(5.55)、式(5.62)、式(5.63)和式(5.67)可知，最大不变集 M 仅包含平衡点 $(x,\dot{x},\theta,\dot{\theta})=(p_{dx},0,0,0)$ 。使用 LaSalle 不变性原理，可以得出闭环系统是渐近稳定的。

5.5　仿真与实验结果

仿真过程中，模型参数选取为 $m=1\mathrm{kg}$ ，$M=7\mathrm{kg}$ ，$l=1\mathrm{m}$ ，$g=9.806$ 。为不失一般性，系统状态的初始值选取为 $\begin{bmatrix}x & \dot{x} & \theta & \dot{\theta}\end{bmatrix}=\begin{bmatrix}0 & 0 & 0 & 0\end{bmatrix}$ 。为了方便评估所提方法的控制效果，将其与部分受限非线性控制(partially saturated nonlinear control，PSNC)方法[7]进行了对比。PSNC 方法的具体表达式如下：

$$F_{\mathrm{PSNC}}=-\alpha k_{p}(M+m\sin^{2}\theta)\tanh\left(x-p_{dx}-\frac{1}{l}\sin\theta\right)-\frac{\kappa}{\alpha l(M+m\sin^{2}\theta)}(l\dot{x}-\cos\theta\dot{\theta})$$
$$-m\sin\theta(g\cos\theta+l\dot{\theta}^{2}) \tag{5.68}$$

接下来，将进行三组仿真来测试所提控制器在定位与消摆方面的有效性。具体而言，第一组仿真测试目标位置改变时本章所提方法的控制性能。第二组仿真测试了对比算法应对不同绳长及负载重量的控制效果。第三组仿真测试了在不同外界干扰的影响下对比方法的控制效果。经仔细调试，本章所提控制器增益选取为 $k_{p}=1.8$，$k_{d}=38$ 。用于 PSNC 方法的控制增益为 $k_{p}=1.8$，$\alpha=1$，$\kappa=40$ 。在整个仿真过程中，上述控制增益保持不变。

第一组仿真验证控制器对不同目标位置的鲁棒性，仿真结果如图 5.2 与图 5.3 所示。可以看到，随着目标位置的变远，负载所需运送时间相应增加，负载摆角被抑制在了较小范围内。其中，两种方法所对应的负载摆角的最大幅度相似，且无残余摆动。该属性是有价值的，因为当期望位置在远处时，初始控制作用力会变大，以至于它可能使台车加速过大而引起大的初始负载摇摆。因此，需要重新调整控制参数以防止初始摆角偏离安全范围，这会使运输任务很耗时。此外，比较图 5.2 和图 5.3 中的振动响应可发现，所提出的控制方法具有更高的消摆效率。

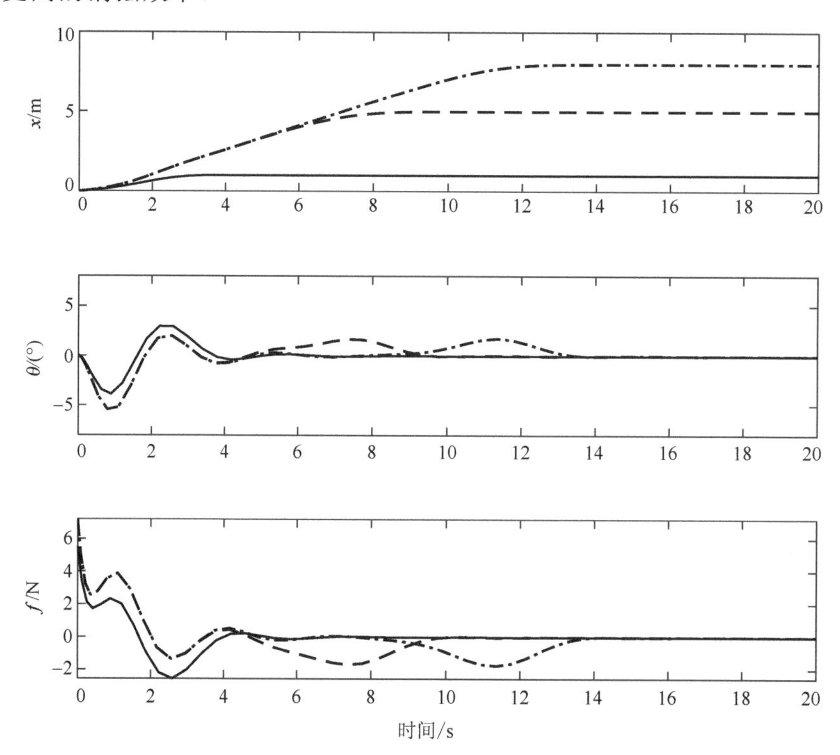

图 5.2　所提方法针对不同目标位置的仿真结果

（实线：$p_{dx}=1\text{m}$；虚线：$p_{dx}=5\text{m}$；点划线：$p_{dx}=8\text{m}$）

第二组仿真是在吊绳长度为 3m 的情况下进行的。图 5.4 展示了两种非线性控制器针对不同长度的绳索的鲁棒性。对于建议的系统，当吊绳长度更改为 3m 时，再次实现了精确定位和有效抑制振荡的双重目标，而对比控制器的抑制负载摆动的性能急剧下降。对吊绳长度变化不敏感的属性是有意义的，因为吊绳长度会从本质上影响系统的阻尼特性。

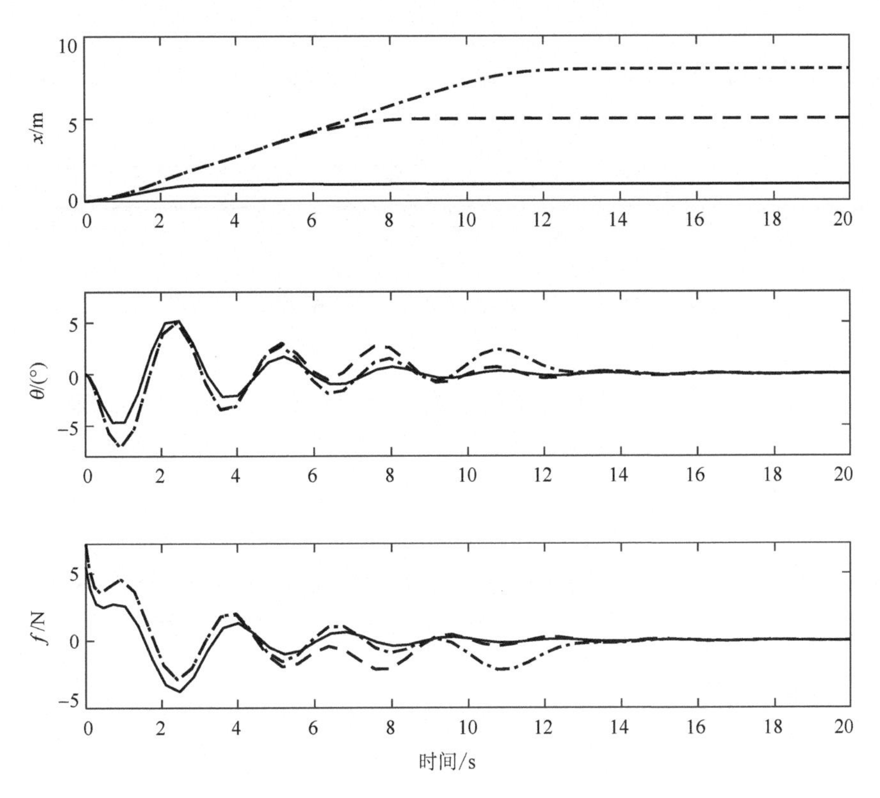

图 5.3　PSNC 方法针对不同目标位置的仿真结果
（实线： $p_{dx}=1\text{m}$ ；虚线： $p_{dx}=5\text{m}$ ；点划线： $p_{dx}=8\text{m}$ ）

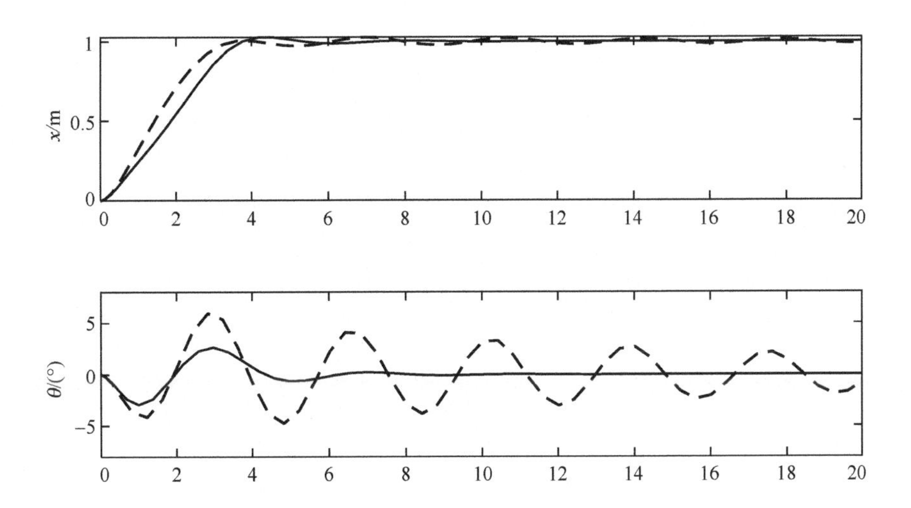

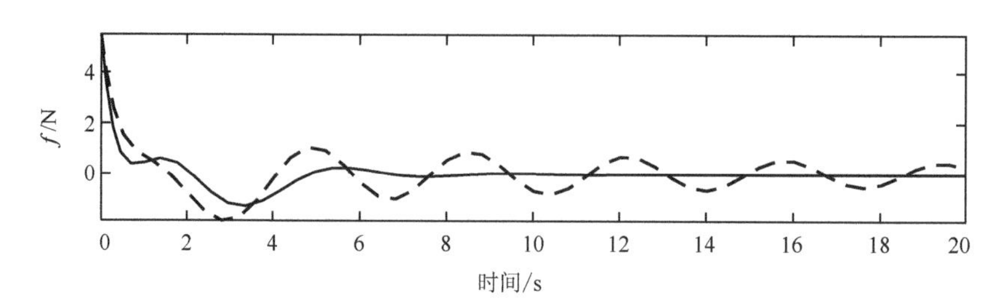

图 5.4　不同方法针对吊绳长度 $l = 3\text{m}$ 的仿真结果

（实线：所提方法；虚线：PSNC 方法）

对于最后一组仿真，为模拟外界扰动，分别在 8s 和 10s 对负载摆角施加幅值为 2°、相位相反的干扰脉冲。由图 5.5 可知，当存在外部干扰时，所提出的控制律可在精确定位台车的同时，更有效地抑制并消除外界干扰。由于吊车经常在室外环境中工作，并且外部干扰(例如风)会引起振荡，这会使定位效率低下并对操作人员造成危险。因此，具有抵抗外部干扰的能力意义重大。

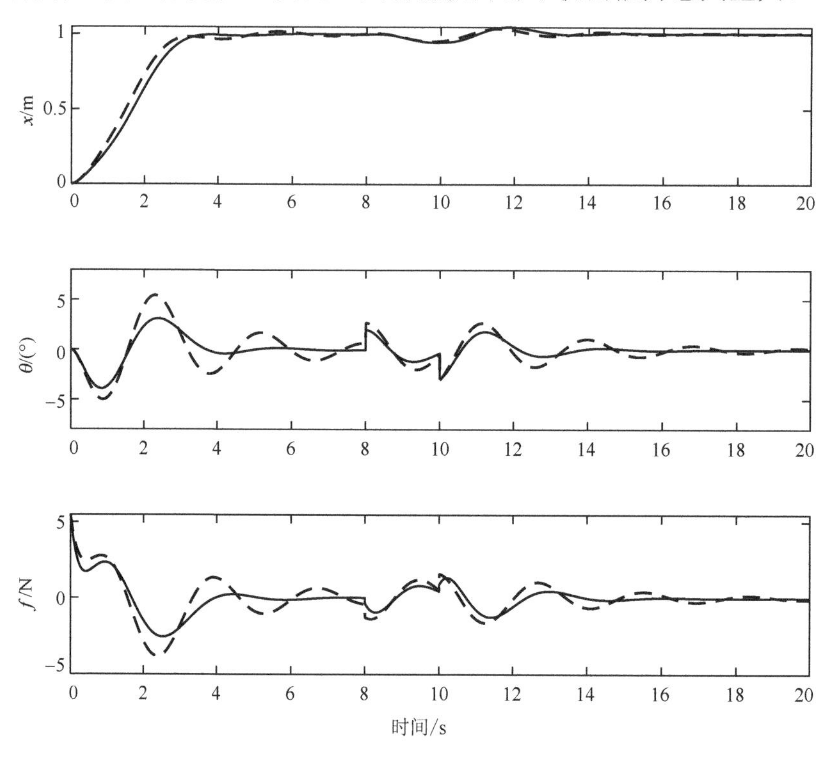

图 5.5　不同方法针对外部干扰的仿真结果

（实线：所提方法；虚线：PSNC 方法）

考虑到仿真控制研究中忽略了许多不确定性因素：如摩擦力、系统参数的测量误差、负载摆动的阻力以及可能出现的其他不确定因素的影响，为进一步验证本章所提方法的有效性，控制算法还被应用于实物吊车平台，如图 5.6 所示。对于物理测试平台，台车的位移由嵌入在伺服电机内的编码器测量，而负载摆角由固定在小车下方的编码器捕获。台车以及摆角速度通过在线估算获得。控制算法在 Windows XP 下的 Code Composer Studio 环境中运行，并在可编程控制板中实现，该可编程控制板是一种高性能的伺服运动控制器，能够以高度复杂的方式实现运动控制。控制周期设置为 5ms，以确保良好的实时能力。

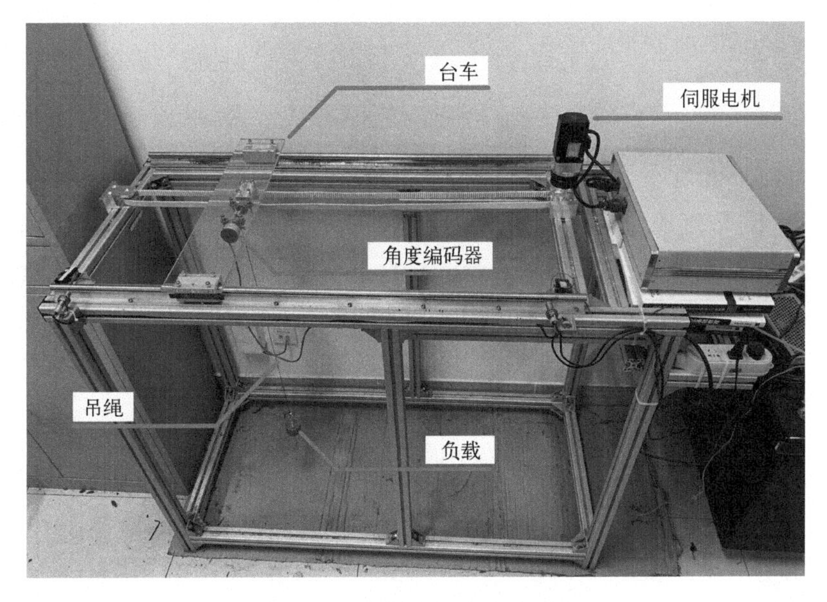

图 5.6　二维桥式吊车实验平台

桥式吊车实验平台的物理参数为 $m=1\text{kg}$，$M=1.7\text{kg}$，$l=1\text{m}$，$g=9.8\text{m/s}^2$。

目标位置选择为 $p_{dx}=0.6\text{m}$。

摩擦力通过前馈补偿完成，经过反复实验，式(5.4)中的摩擦参数经标定如下：

$$F_{r0x}=4.4,\quad k_{rx}=-0.5,\quad \mu_x=0.01$$

在随后的实验中，所提方法的控制增益选取为 $k_p = 5.5$， $k_d = 56$ 。

接下来，将进行两组不同实验来验证本章所提出的控制策略的性能。在第一组中，与三个现有控制器进行了比较。在第二组中，为了评估所提出控制器的鲁棒性，在不同的吊绳长度和外部干扰条件下进行了实验。

为了确认本章所提方法良好的性能，将其与 PSNC 方法、滑模控制(sliding mode control，SMC)方法[3]和线性二次型调节器(linear quadratic regulator，LQR)控制方法进行了比较。对于 PSNC 方法，仿真部分已经给出相关信息，且控制增益选取与仿真一致。

对于 SMC 方法，具体表达式为

$$F_{\mathrm{SMC}} = \frac{(M + m\sin^2\theta)l}{l - \alpha_{51}}\left(k_s \operatorname{sgn}(5s) - \lambda_{11}\dot{x} - \lambda_{21}\dot{\theta} + \frac{\alpha_{21}g}{l}\right) - m\sin\theta(g\cos\theta + l\dot{\theta}^2) \tag{5.69}$$

式中，滑模面定义为 $s = \dot{x} + \lambda_{11}(x - p_{dx}) + \alpha_{21}\dot{\theta} + \lambda_{21}\theta$ ，其控制增益 $\lambda_{11} = 0.6$, $\lambda_{21} = -1.5$, $\alpha_{21} = 0.5$, $k_s = -6$ 。为消除抖振，这里用 $\tanh(\cdot)$ 代替符号函数 $\operatorname{sgn}(\cdot)$ 。

对于 LQR 控制器，线性化后的吊车系统可以通过如下反馈控制来稳定：

$$F_{\mathrm{LQR}} = -\boldsymbol{K}\boldsymbol{X} \tag{5.70}$$

其中，$X = [x - p_{dx}, \dot{x}, \theta, \dot{\theta}]$，控制增益 K 取决于代价函数 $I = \int_0^{\infty} (\boldsymbol{X}^{\mathrm{T}}\boldsymbol{Q}\boldsymbol{X} + RF_{\mathrm{LQR}}^2)\mathrm{d}t$ 。此处，权重系数矩阵选择为 $\boldsymbol{Q} = \operatorname{diag}[10, 50, 80, 0]$ 和 $R = 0.5$ 。给定上述配置，MATLAB 建议 $\boldsymbol{K} = \operatorname{diag}[10, 14.8935, -11.5750, -3.3419]$ 。

可以看到，在图 5.7～图 5.10 中，四种控制器均能实现台车的快速定位，并且剩余振荡幅度均保持在 0.1°以内。具体地，本章所提方法耗时 4.88s，PSNC 方法耗时 4.95s，SMC 方法耗时 5.79s，LQR 控制方法耗时 7.79s。与此同时，本章所提方法对应的最大振幅为 3.05°，PSNC 方法对应的最大振幅为 3.33°，SMC 方法对应的最大振幅为 5.22°，LQR 方法对应的最大振荡幅度为 4.50°。相比之下，本章所提方法在消除台车运动引起的负载摆动方面较对比方法更好。这些结果证明了本章所提方法的良好控制性能。

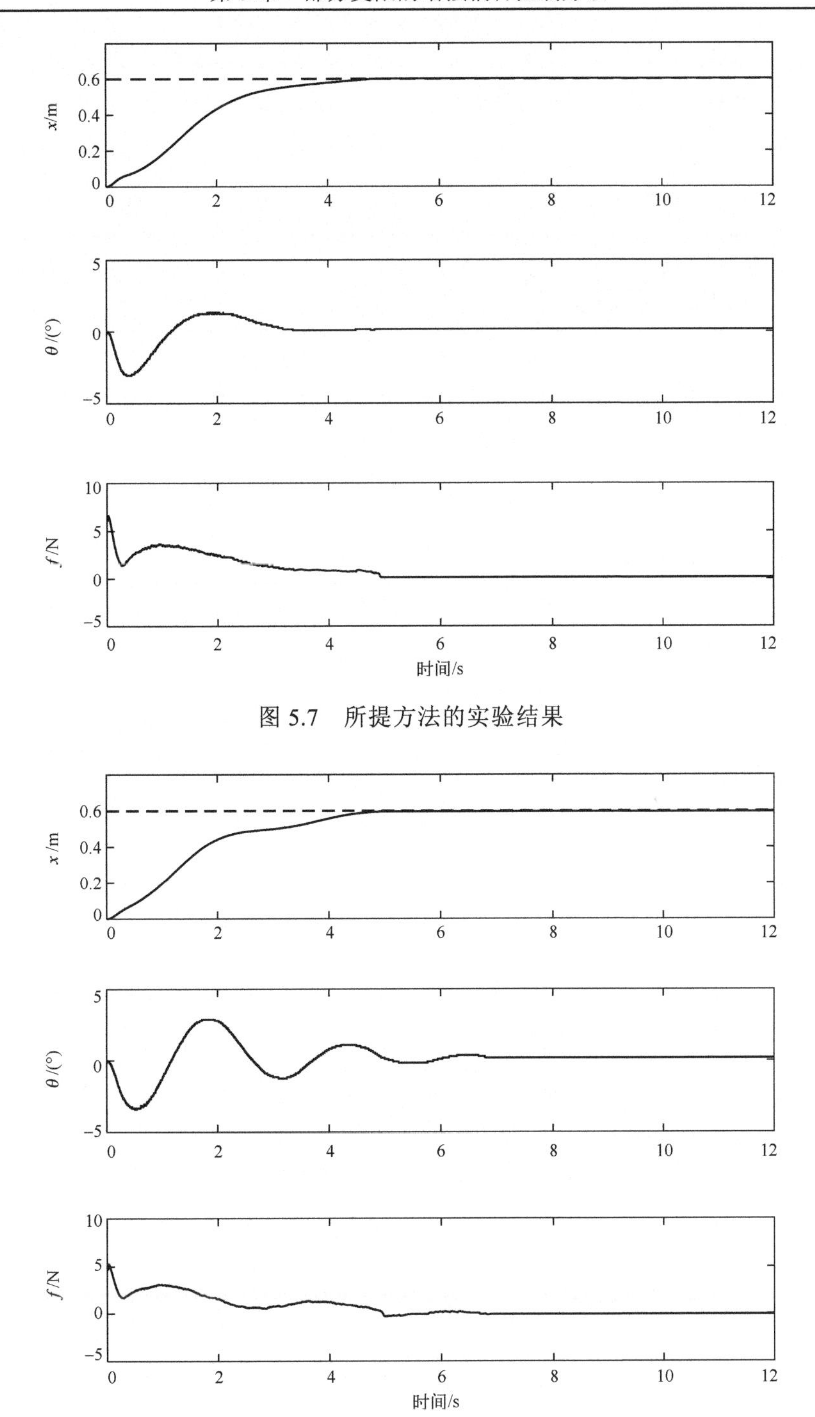

图 5.7　所提方法的实验结果

图 5.8　PSNC 方法的实验结果

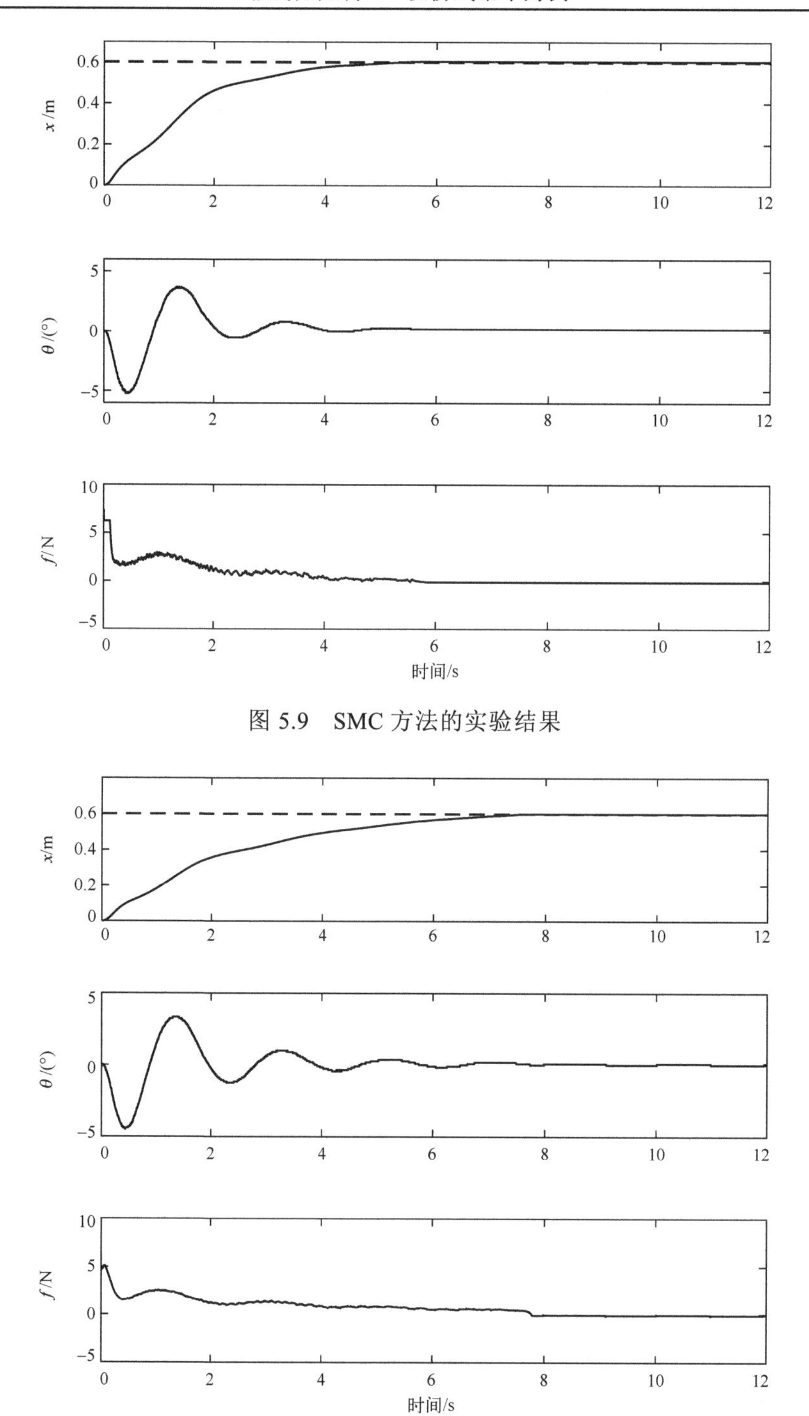

图 5.9　SMC 方法的实验结果

图 5.10　LQR 方法的实验结果

接下来将验证本章所提方法针对外界干扰的鲁棒性，包括吊绳长度变化和外部干扰。在第一种情况下，考虑了不同的吊绳长度。其中，吊绳长度由 1m 变更为 1.3m。在第二种情况下，为测试存在外部干扰时系统的性能，在台车到达目标位置后，将振幅约为 2°的干扰角施加到负载上。对于这两种情况，控制增益与前一节中的相同。

图 5.11 和图 5.12 的实验结果显示了本章所提方法和 PSNC 方法在响应不同的吊绳长度方面的性能，控制系统精确地定位了台车并抑制了台车运动引起的负载摆动。可以很容易地看到，与图 5.8 中的响应相比，图 5.12 中观察到明显的残余振荡；相反，图 5.11 和图 5.7 之间并没有显著差异。这些图说明了吊绳长度的变化不会严重影响本章所提方法。

图 5.13 和图 5.14 显示了本章所提控制系统在外部干扰存在下的响应。在干扰作用下，台车随即做出响应，两个控制器均在受到干扰后 3s 内重新将负载运送到目标位置。对比图 5.13 和图 5.14 可发现，本章所提方法在消除外部干扰方面效率更高。

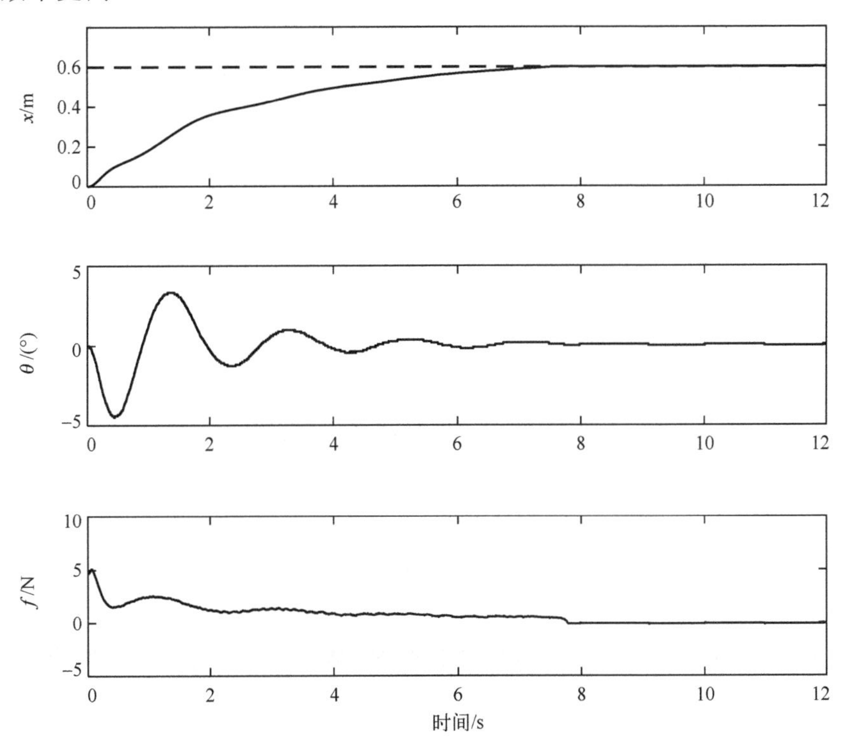

图 5.11　所提方法针对不同吊绳长度的实验结果（$l=1.3$m）

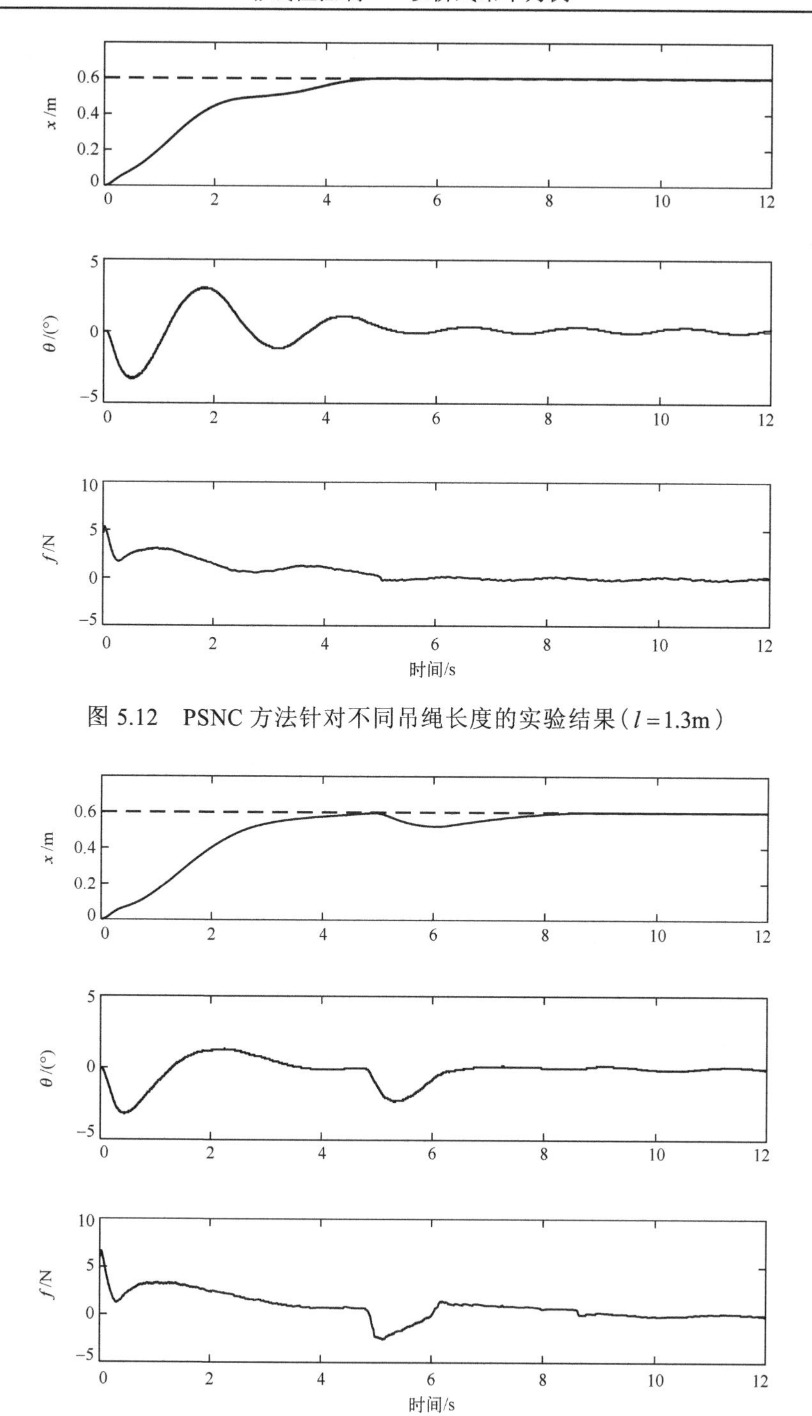

图 5.12　PSNC 方法针对不同吊绳长度的实验结果（$l=1.3\mathrm{m}$）

图 5.13　所提方法针对外部干扰的实验结果

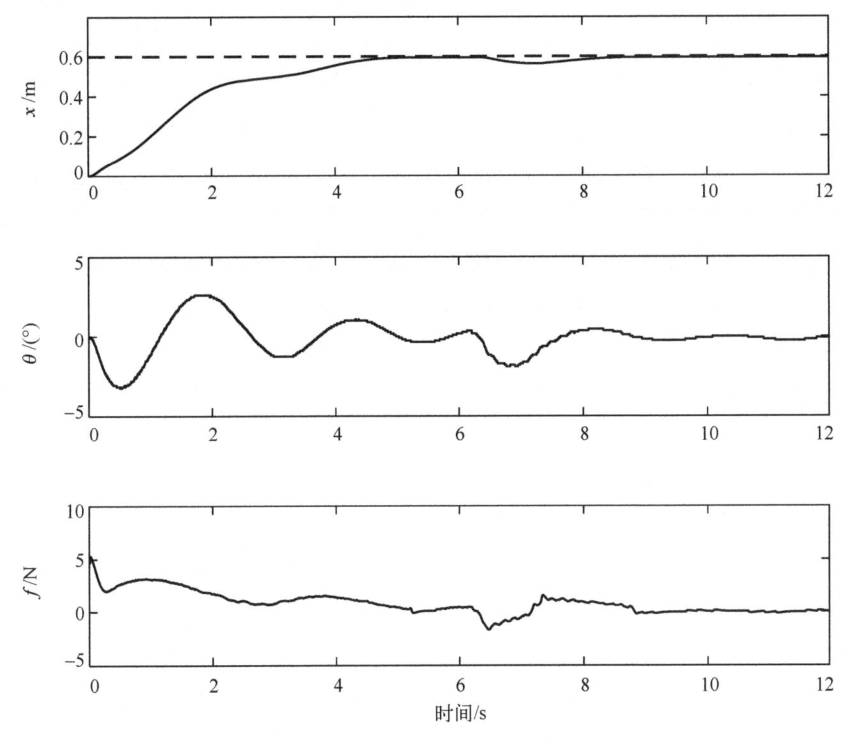

图 5.14　PSNC 方法针对外部干扰的实验结果

5.6　小　　结

在本章中，设计了具有期望惯性矩阵和势能函数的新存储函数，并基于该函数得出了非线性耦合控制器，从而为消摆引入了附加的阻尼项。由于耦合耗散项的特定结构，所设计控制器在不同吊绳长度的情况下始终可以提供足够的阻尼注入。使用双曲正切函数来限定因目标位置变化带来的控制力增加问题，从而确保控制系统平稳地启动台车。在 Lyapunov 理论的框架下，系统的稳定性由 LaSalle 不变性原理来保证。仿真和实验结果证明，该控制系统可以针对不同的吊绳长度、目标位置和外部干扰实现更高的运输性能和鲁棒性。

参 考 文 献

[1] Auriol J. Output feedback stabilization of an underactuated cascade network of

interconnected linear PDE systems using a backstepping approach[J]. Automatica, 2020, 117: 108964.

[2] Rsetam K, Cao Z, Man Z. Cascaded extended state observer based sliding mode control for underactuated flexible joint robot[J]. IEEE Transactions on Industrial Electronics, 2020, 67(12): 10822-10832.

[3] Almutairi N B, Zribi M. Sliding mode control of a three-dimensional overhead crane[J]. Journal of Vibration and Control, 2009, 15(11): 1679-1730.

[4] Zavari K, Pipeleers G, Swevers J. Gain-scheduled controller design: Illustration on an overhead crane[J]. IEEE Transactions on Industrial Electronics, 2014, 61(7): 3713-3718.

[5] Hilhorst G, Pipeleers G, Michiels W, et al. Fixed-order linear parameter-varying feedback control of a lab-scale overhead crane[J]. IEEE Transactions on Control Systems Technology, 2016, 24(5): 1899-1907.

[6] Zhang M H, Zhang Y F, Cheng X G. An enhanced coupling PD with sliding mode control method for underactuated fouble-pendulum overhead crane systems[J]. International Journal of Control, Automation, and Systems, 2019, 17(6): 1579-1588.

[7] Sun N, Fang Y. Partially saturated nonlinear control for gantry cranes with hardware experiments[J]. Nonlinear Dynamics, 2014, 77(3): 655-666.

[8] Sun N, Fang Y, Wu X. An enhanced coupling nonlinear control method for bridge cranes[J]. IET Control Theory and Applications, 2014, 8(13): 1215-1223.

[9] Sun N, Fang Y, Sun X, et al. An energy exchanging and dropping-based model-free output feedback crane control method[J]. Mechatronics, 2013, 23(6): 549-558.

第 6 章 基于无源性的非线性控制方法

6.1 引　　言

从前面的分析可知，桥式吊车系统是无源的，可通过改变系统总能量来重新构造储能函数进而进行控制器设计。已有许多学者基于无源控制理论进行了相关的研究[1-4]。文献[5]为避免复杂的控制器结构对系统参数的变化较为敏感，基于自适应方法构造了一个新型的储能函数，通过设计动能耦合控制器使得系统能量耗散无须系统参数信息。文献[6]通过分析桥式吊车的无源特性和系统状态之间的耦合关系构造了多个新型储能函数，并在此基础上提出了相应的控制策略。文献[7]从理论上证明了 PD 控制器与 SMC 控制器相结合可以使吊车闭环系统稳定。虽然该方法不需要系统参数且易于实现，但消摆效果不佳。文献[8]通过在控制器中增加与系统参数无关的非线性耦合项改善了系统的暂态性能，使得其消摆效果有所提升。根据行业规范，负载的升/落吊运动可以安排在台车水平运送过程之后，即运输过程绳长固定不变。即便绳长固定，随着运输任务的不同，绳长也会不同并且难以测量。值得注意的是，吊绳长度决定了桥式吊车系统的自然频率，多变的绳长会严重影响闭环系统的阻尼特性。相关研究人员对二维桥式吊车进行控制器设计以及稳定性分析时大多基于固定绳长，并且设计过程往往不考虑不同/不确定的吊绳长度[9]。此外，当目标位置较远时，误差信号可能太大而无法在安全速度内驱动台车。鉴于上述问题，本章提出了一种基于无源性的非线性方法，该方法通过构造一个具有所需阻尼特性的新储能函数，从而引入了耦合耗散信号以显著降低负载摆动，并通过强制耦合耗散不等式设计一个简单的非线性控制器。由于其简单的结构和吊绳长度的独立性，所提出的控制器易于实施，并且对于不同/不确定的吊绳长度具有鲁棒性。通过双曲正切函数扩展了所建议的控制器，以防止误差信号使台车过速，从而确保台车平稳启动。Lyapunov 技术和 LaSalle 不变集原理用于证明闭环系统的稳定性，并进行了仿真和实验以评估所提出控制器的控制效果。结果表明，所提出的方法在不同的目标位置、吊绳长度和外部干扰下表现良好，并且比部分现有非线性控制器具有更好的性能。

接下来，6.2 节简要介绍了桥式吊车开环系统的无源性；6.3 节详细分析了储能函数的构造过程和控制器的设计，并讨论了控制参数的选取方法；6.4 节介绍闭环系统的稳定性；6.5 节包含仿真和实验数据，用于证明所提出方案的性能；6.6 节给出了一些结论。

6.2 无源性分析

在设计控制器之前，考虑系统的总能量：

$$E(t)=\frac{1}{2}\dot{\boldsymbol{q}}^{\mathrm{T}}M(\boldsymbol{q})\dot{\boldsymbol{q}}+P(\boldsymbol{q}) \tag{6.1}$$

其中，$P(\boldsymbol{q})$ 为系统的势能，定义为

$$P(\boldsymbol{q})=mgl(1-\cos\theta) \tag{6.2}$$

其满足如下条件：

$$G(q)=\frac{\partial P(\boldsymbol{q})}{\partial \boldsymbol{q}} \tag{6.3}$$

对式(6.1)关于时间求导，并进行整理可得

$$\dot{E}(t)=\dot{x}F_x \tag{6.4}$$

该式表明以 F_x 作为输入、$\dot{x}$ 为输出、系统总能量为储能函数的吊车系统是无源的。重新考虑式(6.1)，如果将储能函数用作系统的总能量，则储能函数的变化率不包括针对摆角的任何附加阻尼。即储能函数的变化率仅与台车运动有关，而无法反映负载摆角状态。已有方法大多通过在控制律中添加与系统参数有关的项来增强系统状态之间的耦合关系以提高暂态性能。这在增加系统无源性的同时，也使得其对系统参数更加敏感。为此，本章将从阻尼注入的角度，构建具有期望阻尼特性的新储能函数，从而使得控制系统的能量沿着以下广义速度信号被衰减掉：

$$\dot{\chi}=\dot{x}+\lambda_l\dot{\phi}(\theta)+\lambda_a\dot{\varphi}(\theta) \tag{6.5}$$

其中，λ_l 和 λ_a 为正控制增益，$\dot{\phi}(\theta)$ 和 $\dot{\varphi}(\theta)$ 是待定的与欠驱动项有关的耗散项。

接下来，将基于以上耦合耗散信号设计简单非线性反馈控制来提升闭环系统性能，包括瞬时摆角、残余摆角以及定位时间。

6.3　储能函数构造与控制器设计

基于 Lyapunov 方法，考虑如下半正定标量函数：

$$E_l = \frac{1}{2}\dot{\boldsymbol{\varepsilon}}^{\mathrm{T}}\boldsymbol{M}_d(\boldsymbol{q})\dot{\boldsymbol{\varepsilon}} + P_d(\boldsymbol{q}) \tag{6.6}$$

其中，$\dot{\boldsymbol{\varepsilon}} = \dot{x} + \lambda_l\dot{\phi}(\theta)$，$\boldsymbol{M}_d(\boldsymbol{q})$ 和 $P_d(\boldsymbol{q})$ 为所需正定常数惯量矩阵及期待的势能函数。

为确定 $\boldsymbol{M}_d(\boldsymbol{q})$ 和 $P_d(\boldsymbol{q})$，构造附加的能量存储函数 E_a，使其引起系统对附加的阻尼项 $\lambda_a\dot{\varphi}(\theta)$ 的响应。受式(6.4)启发，可以根据以下条件写出附加储能函数 E_a：

$$\dot{E}_a = \lambda_a\dot{\varphi}(\theta)F_x \tag{6.7}$$

为了深入了解负载摆角与台车运动之间的非线性，求解 $\ddot{x}$，式(5.2)可以改写为

$$\ddot{x} = -(l\ddot{\theta} + g\sin\theta)\sec\theta \tag{6.8}$$

将式(6.8)代入式(5.1)可得

$$ml(\ddot{\theta}\cos\theta - \dot{\theta}^2\sin\theta) - (M+m)(l\ddot{\theta} + g\sin\theta)\sec\theta = F_x \tag{6.9}$$

进一步，将式(6.9)代入式(6.7)，有

$$\dot{E}_a = \lambda_a\dot{\varphi}(\theta)\left[ml(\ddot{\theta}\cos\theta - \dot{\theta}^2\sin\theta) - (M+m)(l\ddot{\theta} + g\sin\theta)\sec\theta\right] \tag{6.10}$$

选取

$$\dot{\varphi}(\theta) = -\dot{\theta}\cos\theta \tag{6.11}$$

可以得出

$$\dot{E}_a = \lambda_a(M+m)(l\ddot{\theta} + g\sin\theta)\dot{\theta} - \lambda_a ml(\ddot{\theta}\cos\theta - \dot{\theta}^2\sin\theta)\dot{\theta}\cos\theta \tag{6.12}$$

对式(6.12)从零到 t 进行积分，有

$$E_a = \lambda_a (M+m)\left[\frac{1}{2} l\dot{\theta}^2 + g(1-\cos\theta)\right] - \frac{1}{2}\lambda_a m l \dot{\theta}^2 \cos^2\theta \tag{6.13}$$

为了对 E_a 进行正定分析，式(6.13)等价于

$$E_a = \frac{1}{2}\lambda_a (M + m\sin^2\theta) l \dot{\theta}^2 + \lambda_a (M+m) g(1-\cos\theta) \tag{6.14}$$

很显然，上式是非负的，并且其在 $(\theta,\dot{\theta}) = (0,0)$ 时取零值。

根据式(6.1)和式(6.14)，构造如下期望能量函数：

$$E_d = E + E_a \tag{6.15}$$

进一步，上式可表示为如下二次型：

$$E_d = \frac{1}{2}\dot{\boldsymbol{q}}^{\mathrm{T}} \boldsymbol{M}_d(\boldsymbol{q})\dot{\boldsymbol{q}} + P_d(\boldsymbol{q}) \tag{6.16}$$

式中，期望的惯性矩阵 $\boldsymbol{M}_d(\boldsymbol{q})$ 和势能函数 $P_d(\boldsymbol{q})$ 为

$$\boldsymbol{M}_d(\boldsymbol{q}) = \begin{bmatrix} M+m & ml\cos\theta \\ ml\cos\theta & \lambda_a (M + m\sin^2\theta) l + ml^2 \end{bmatrix}$$

$$P_d(\boldsymbol{q}) = \left[ml + \lambda_a (M+m)\right] g(1-\cos\theta)$$

至此，$\boldsymbol{M}_d(\boldsymbol{q})$ 和 $P_d(\boldsymbol{q})$ 已经得到。进一步，为了确定 $\dot{\phi}$，对式(6.6)求导，可以得到

$$\dot{E}_l = \dot{\chi}\left[F_x + \lambda_l (M+m)\ddot{\phi}(\theta)\right] + \lambda_l \left[ml + \lambda_a (M+m)\right]\dot{\theta}\cos\theta\ddot{\phi}(\theta) \tag{6.17}$$

其中，推导过程中使用了式(5.5)、式(5.6)和式(6.7)，$\dot{\boldsymbol{\varepsilon}}^{\mathrm{T}} G = \dot{\boldsymbol{q}}^{\mathrm{T}} G$ 和 $C\dot{\boldsymbol{\varepsilon}} = C\dot{\boldsymbol{q}}$。

为了使系统稳定，必须保证以下条件成立：

$$\lambda_l \left[ml + \lambda_a \left(M+m\right)\right]\dot{\theta}\cos\theta\ddot{\phi}(\theta) \leqslant 0 \tag{6.18}$$

综上，选取

$$\ddot{\phi}(\theta) = -\dot{\theta}\cos\theta \tag{6.19}$$

式(6.18)得以满足。至此，耦合耗散信号确定为

$$\chi = x - \lambda_l \int_0^t \sin\theta(\tau)\mathrm{d}\tau - \lambda_a \sin\theta \tag{6.20}$$

为了达到式(5.8)所示定位与消摆的双重目的，引入如下误差信号：

$$e_\chi = \chi - p_{dx} \tag{6.21}$$

基于式(6.17)的结构，构造如下简单的非线性反馈：

$$F_x = -k_p \tanh e_\chi - k_d \dot{\chi} + \lambda_l (M+m)\dot{\theta}\cos\theta \tag{6.22}$$

其中，k_p 和 k_d 是正控制增益。应当注意，与仅依赖位置控制的传统策略不同，台车将对涉及负载摆动的耦合耗散信号做出响应，这在控制系统中提供了足够的阻尼。

注记　所提出的方法与传统的比例积分微分控制器(proportional integral derivative，PID)具有相似的结构，因此 k_p 和 k_d 的选取方式可参考 PID 控制方法，参数 λ_l 和 λ_a 提供了额外的灵活性来调整控制系统的响应，其中较大的值会增加阻尼，同时也会增加定位时间。

6.4　稳定性分析

在本节中，利用 LaSalle 不变集原理，得出以下定理。

定理 6.1　简单的非线性控制律式(6.22)可以将台车快速地调节到目标位置 p_{dx}，同时消除负载摆动，即

$$\lim_{t\to\infty}(x, \dot{x}, \theta, \dot{\theta}) = (p_{dx}, 0, 0, 0) \tag{6.23}$$

证明　考虑以下 Lyapunov 候选函数：

$$V(t) = E_l + k_p \ln\cosh(e_\chi) \tag{6.24}$$

根据式(6.17)和式(6.19)，并代入式(6.22)，$V(t)$ 的时间导数为

$$\dot{V}(t) = -k_d \dot{\chi}^2 - \lambda_l\left[ml + \lambda_a(M+m)\right]\dot{\theta}^2\cos^2\theta \leqslant 0 \tag{6.25}$$

得出

$$V(t) \leqslant V(0) \Rightarrow V(t) \in \mathcal{L}_\infty \tag{6.26}$$

显然，$V(t)$ 总是不增的，这意味着：

$$e_\chi, \chi, \dot{\chi}, x, \dot{x}, \dot{\theta} \in \mathcal{L}_\infty \tag{6.27}$$

实际吊车系统摆角一般满足 $\sin\theta \approx \theta$，$\cos\theta \approx 1$，式(5.2)可以简化为二阶振荡阻尼系统，即

$$l\ddot{\theta} + \ddot{x} + g\sin\theta = 0 \tag{6.28}$$

对上式进行积分，可得

$$\int_0^t \sin\theta(\tau)\mathrm{d}\tau = -\frac{1}{g}(l\dot{\theta} + \dot{x}) \tag{6.29}$$

结合式(6.22)、式(6.27)及式(6.29)，可得

$$\int_0^t \sin\theta(\tau)\mathrm{d}\tau, \quad F_x \in \mathcal{L}_\infty \tag{6.30}$$

由 LaSalle 不变集原理可知，该闭环系统的解将收敛到表示为 Ω 的最大不变性集合中，该集合被包含在所有点 $V(t)=0$ 的紧凑集合 Γ 中。显然，由式(6.25)可知，在 Ω 中，

$$\dot{\chi} = \dot{x} - \lambda_l \sin\theta - \lambda_a \dot{\theta}\cos\theta = 0 \tag{6.31}$$

$$\dot{\theta} = 0 \tag{6.32}$$

进一步可知，

$$\dot{x} - \lambda_l \sin\theta = 0 \tag{6.33}$$

根据式(6.31)～式(6.33)，易得

$$\ddot{\theta} = 0 \tag{6.34}$$

$$\ddot{x} = 0 \tag{6.35}$$

将式(6.32)、式(6.34)和式(6.35)代入式(5.1)和式(5.2)可得

$$\sin\theta = 0 \tag{6.36}$$

$$F_x = 0 \tag{6.37}$$

结合式(5.7)、式(6.33)和式(6.36)，有

$$\theta = 0 \tag{6.38}$$

$$\dot{x} = 0 \tag{6.39}$$

进一步，将要分析 x 的行为。基于式(6.22)、式(6.31)及式(6.32)，有

$$e_\varepsilon = 0 \Rightarrow x - p_{dx} = \lambda_l \int_0^t \sin\theta \mathrm{d}t \tag{6.40}$$

基于式(6.29)、式(6.32)、式(6.39)和式(6.40)，可推知

$$x = p_{dx} \tag{6.41}$$

综合式(6.32)、式(6.38)、式(6.39)和式(6.41)可得出，最大不变集 Ω 仅包含目标位置。使用 LaSalle 不变性原理，系统的渐近稳定性得以证明。注意到负载的水平位置为 $x + l\sin\theta$，当台车停留在目标位置时，负载也将停留在目标位置。

6.5　仿真与实验结果

在仿真中，吊车系统的模型参数以及对应参数的选取与第 5 章对应章节相同。为了评估所提出控制器的增强鲁棒性，在以下条件下进行了三组仿真。同时，控制器增益组合与上一组测试保持相同。

第一组仿真：考虑如下三种目标位置。

① $p_{dx} =$ 0.6m；

② $p_{dx} =$ 5m；

③ $p_{dx} =$ 10m 。

第二组仿真：考虑如下三种吊绳长度。

① $l =$ 0.2m；

② $l =$ 2m；

③ $l =$ 5m 。

第三组仿真：考虑如下二种不同扰动。

①分别在 8s 和 9s 施加相位相反、幅值为 1.5°的脉冲扰动；

②在 13s 到 16s 之间施加幅值为 1°正弦波扰动。

吊车对不同位置指令的响应如图 6.1 所示，该验证过程确认控制系统在目标位置发生变化时依然表现良好。如图 6.2 所示，本章所提控制器对不同/不确

定的吊绳长度较鲁棒。如图 6.3 中所示，本章所提控制器可以很快耗散掉干扰振荡，便于应对外界环境干扰。

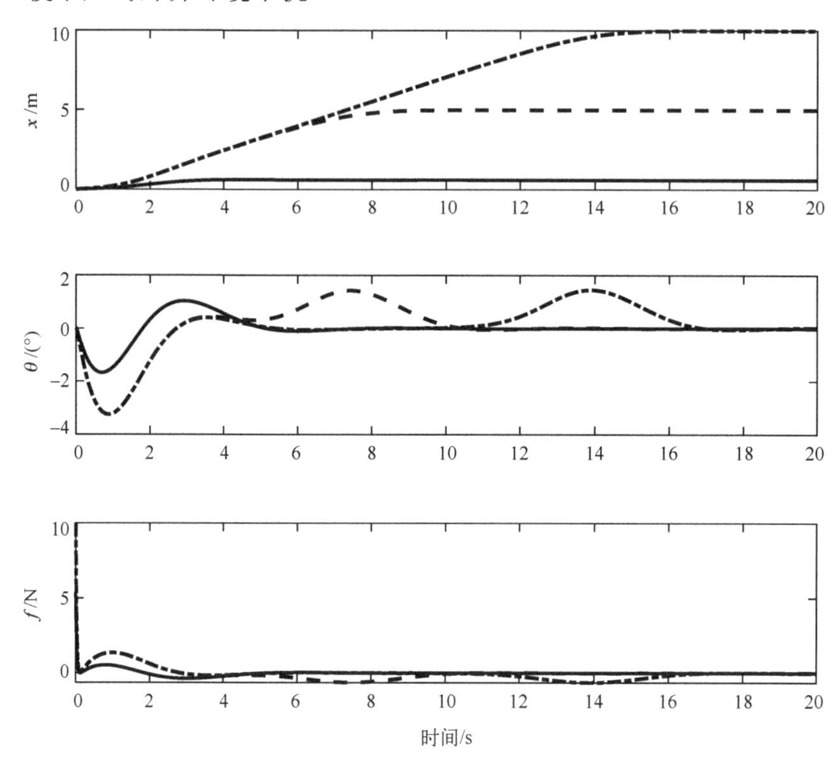

图 6.1　所提方法针对不同目标距离的仿真结果
（实线： $p_{dx}=0.6\text{m}$ ；虚线： $p_{dx}=5\text{m}$ ；点划线： $p_{dx}=10\text{m}$ ）

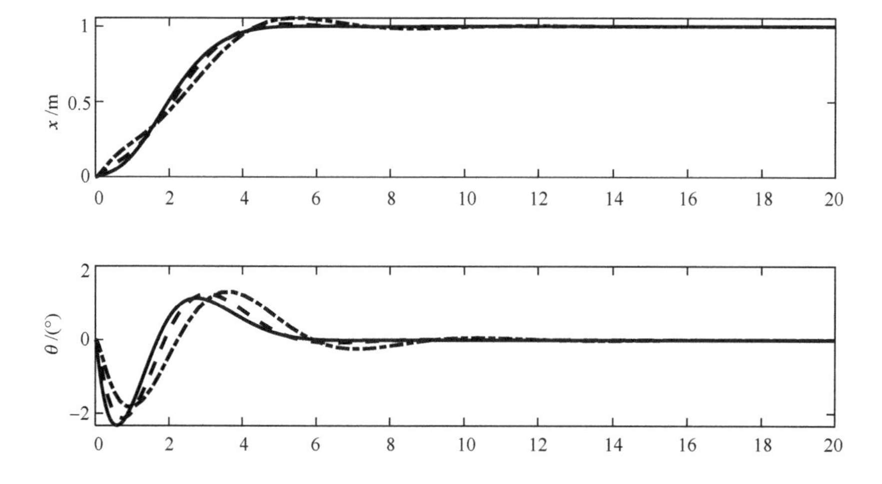

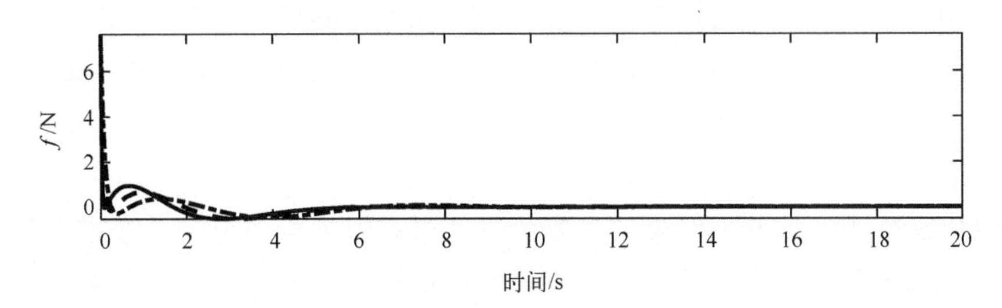

图 6.2　所提方法针对不同吊绳的仿真结果

（实线：$l = 0.2\text{m}$；虚线：$l = 2\text{m}$；点划线：$l = 5\text{m}$）

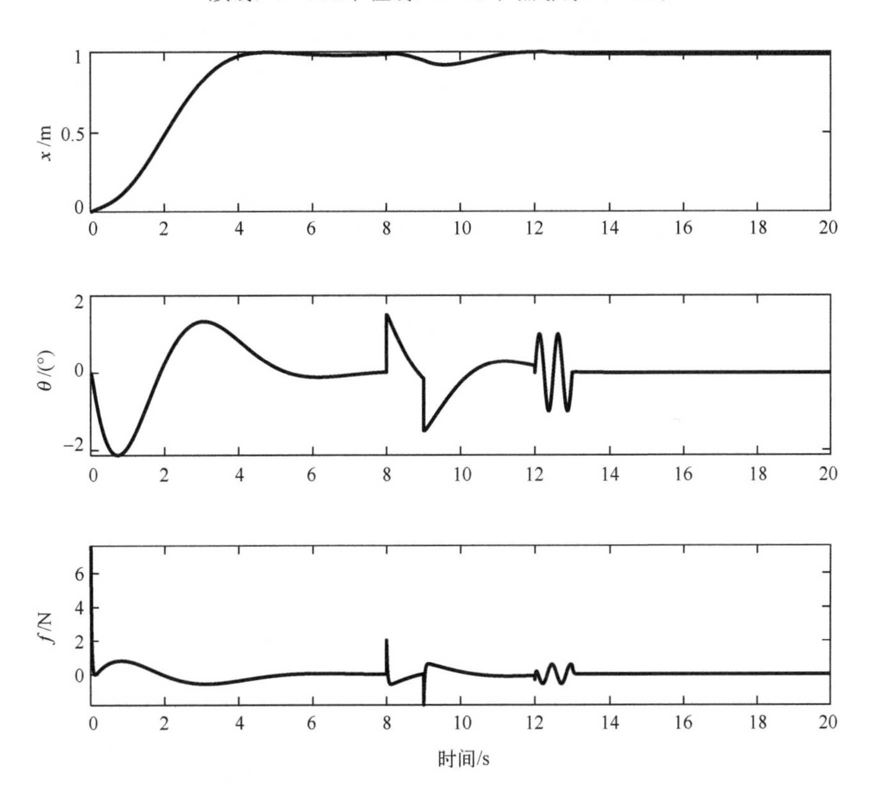

图 6.3　所提方法针对外部干扰的仿真结果

下面将通过两组实验来验证本章所提出的控制策略的性能。在第一组实验中，对比了本章所提出的控制方法与两个现有非线性控制器的性能。在第二组中，为了评估本章所提控制器的鲁棒性，对这三种非线性方法在不同吊绳长度和存在外部干扰的情况下进行了实验。

为了验证本章所提方法在消摆定位方面的有效性，将其与基于末端执行器运动(end-effector motion based，EEMB)控制器[8]和 SMC 控制器进行了比较。为简便起见，此处不给出 EEMB 控制器的表达式，其控制器的有效增益为 $k_p = 8$，$k_d = 10$，$k_e = 2.6$。SMC 控制器表达式及控制参数已在第 5 章给出。

可以观察到，这些控制器的良好定位能力在图 6.4 中得到了肯定，台车在合理的时间内被定位在距离目标位置 5mm 以内。具体地，本章建议的方法用时为 6.92s，SMC 方法用时为 5.86s，EEMB 方法用时为 5.01s。同时，本章所提方法与 SMC 方法的残余振荡幅度保持在 0.1°以下，而 EEMB 方法的残余振荡幅度为 0.27°。本章所提方法的负载最大振幅为 3.06°，SMC 方法为 5.12°，EEMB 方法为 3.33°。相比之下，本章所提出的方法在抑制负载振荡方面表现出比 SMC 方法和 EEMB 方法抑制振荡更好的效果。

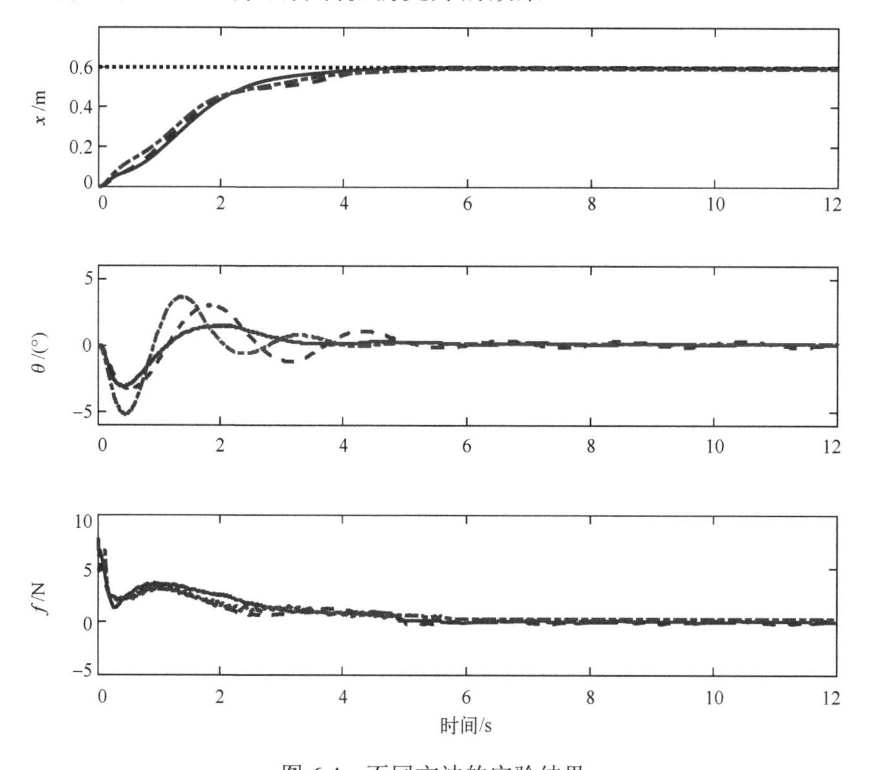

图 6.4　不同方法的实验结果

(实线：本章所提方法；长虚线：EEMB 方法；点划线：SMC 方法)

接下来，进行两组实验说明本章所提方法对多种干扰的鲁棒性，包括吊绳长度变化和外部干扰。在第一种情况下，以不同的吊绳长度值进行实验。对于此组实验，将吊绳长度由 1m 更改为 0.7m。在第二种情况下，为评估带有外部干扰的控制系统的性能，将干扰角施加到负载上。对于这两种情况，控制增益选取与仿真验证相同。

这些方法对不同吊绳长度的响应显示在图 6.5～图 6.7 的实验结果中。将不同吊绳长度的响应进行比较，可以发现，对比方法受吊绳长度改变影响较大。相反，本章所提方法的两种情况之间几乎没有差异。这说明吊绳长度的变化对所提系统影响不大。

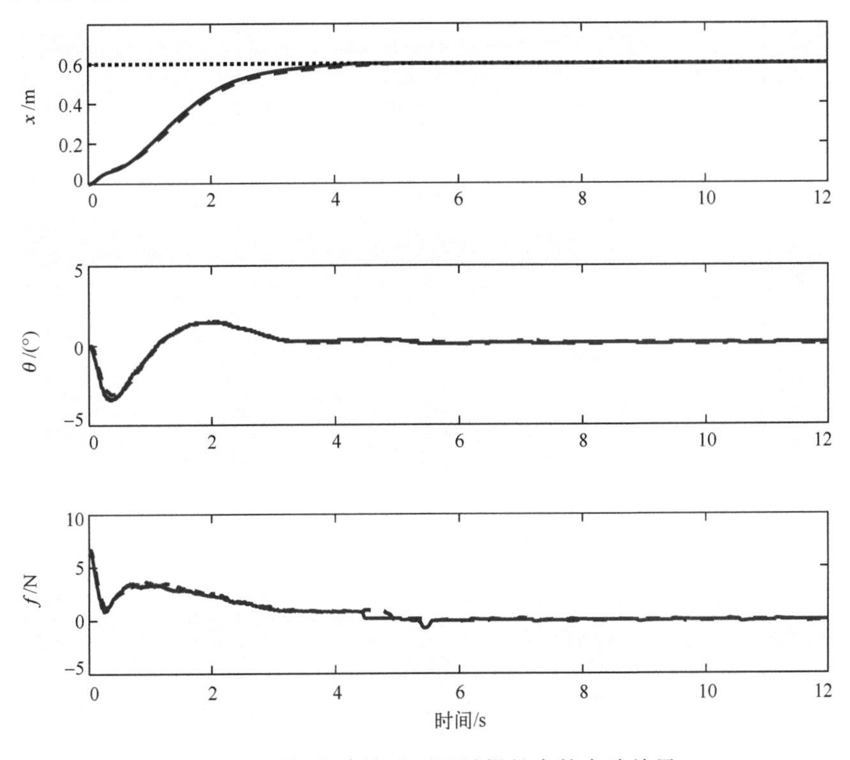

图 6.5　所提方法针对不同吊绳长度的实验结果

（实线：$l=1\text{m}$；虚线：$l=0.7\text{m}$）

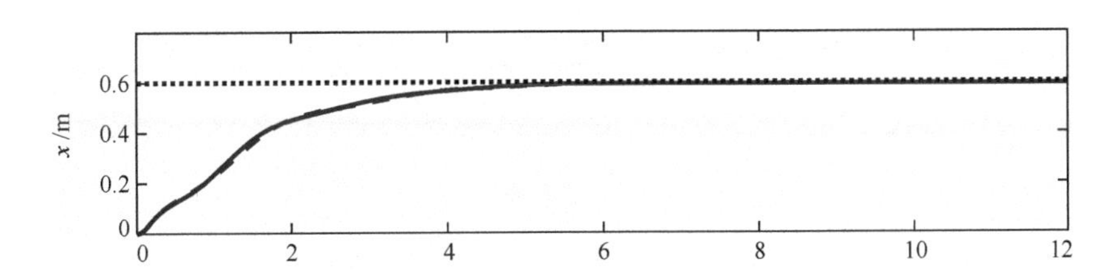

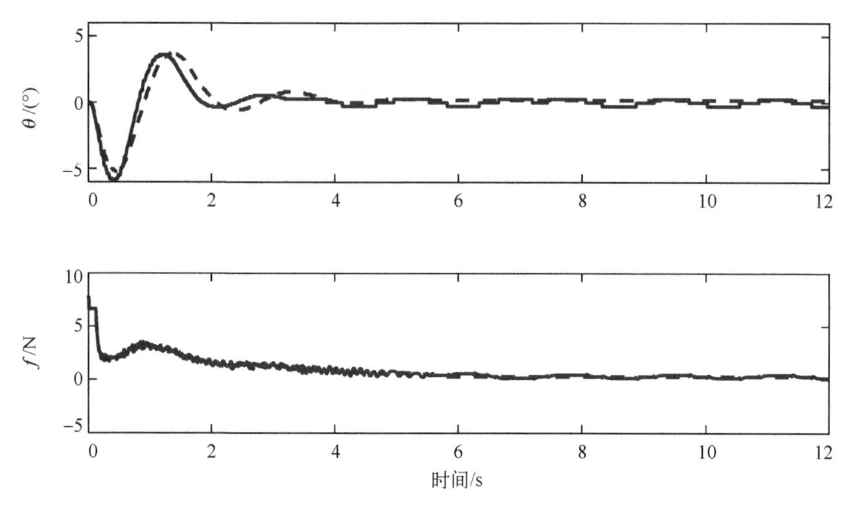

图 6.6　EEMB 方法针对不同吊绳长度的实验结果

（实线： $l = 1\text{m}$ ； 虚线： $l = 0.7\text{m}$ ）

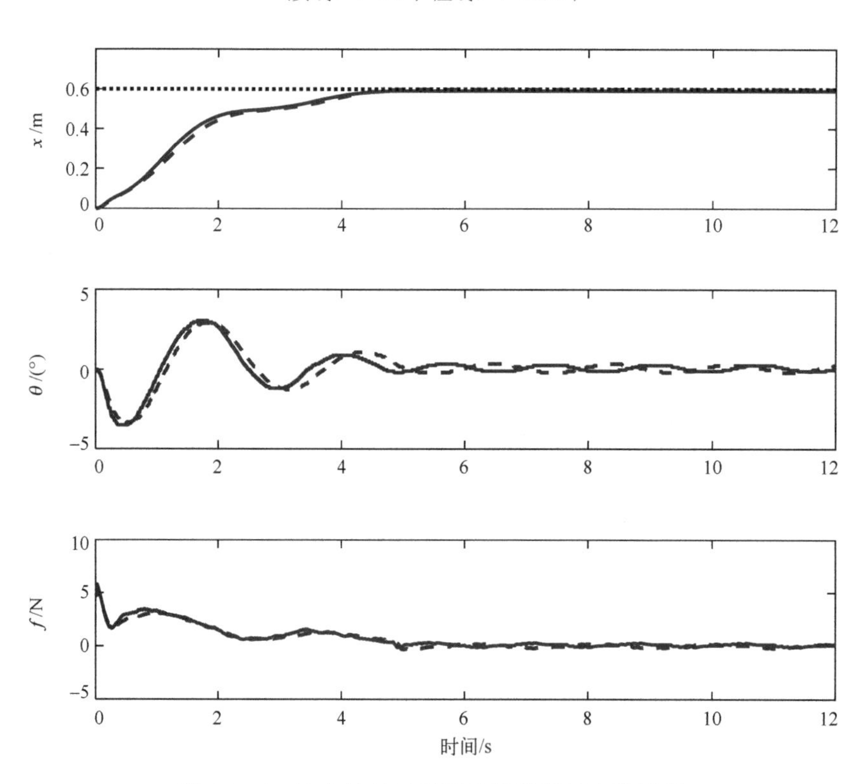

图 6.7　SMC 方法针对不同吊绳长度的实验结果

（实线： $l = 1\text{m}$ ； 虚线： $l = 0.7\text{m}$ ）

控制系统对外部干扰的典型响应如图 6.8～图 6.10 所示。尽管存在外部干扰，台车仍能快速地定位到目标位置。相比之下，与 SMC 方法对应的 3.09s 和 EEMB 方法对应的 2.67s 相比，本章所提出的方法在 2.12s 内消除了绝大部分干扰摆角。这表明，本章所提控制器对外部干扰具有更强的鲁棒性。

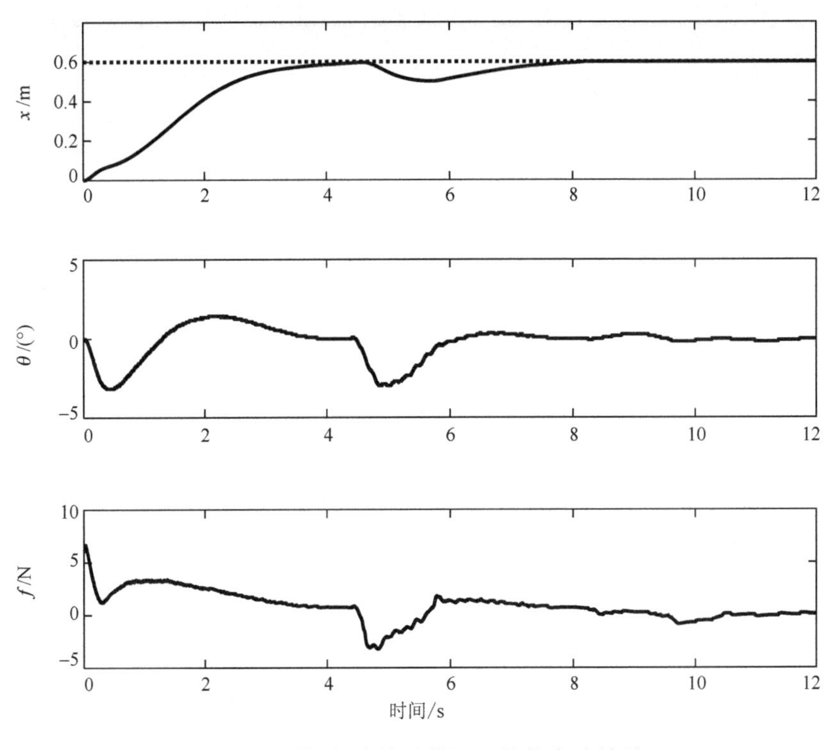

图 6.8 所提方法针对外界干扰的实验结果

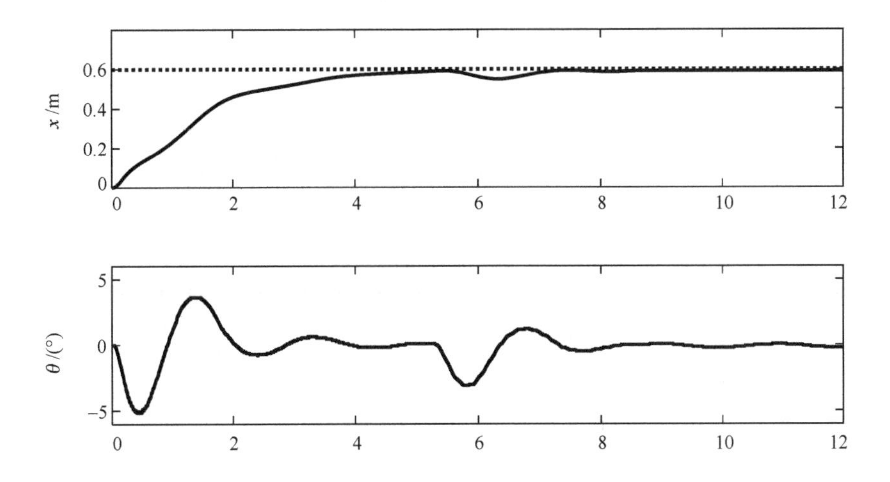

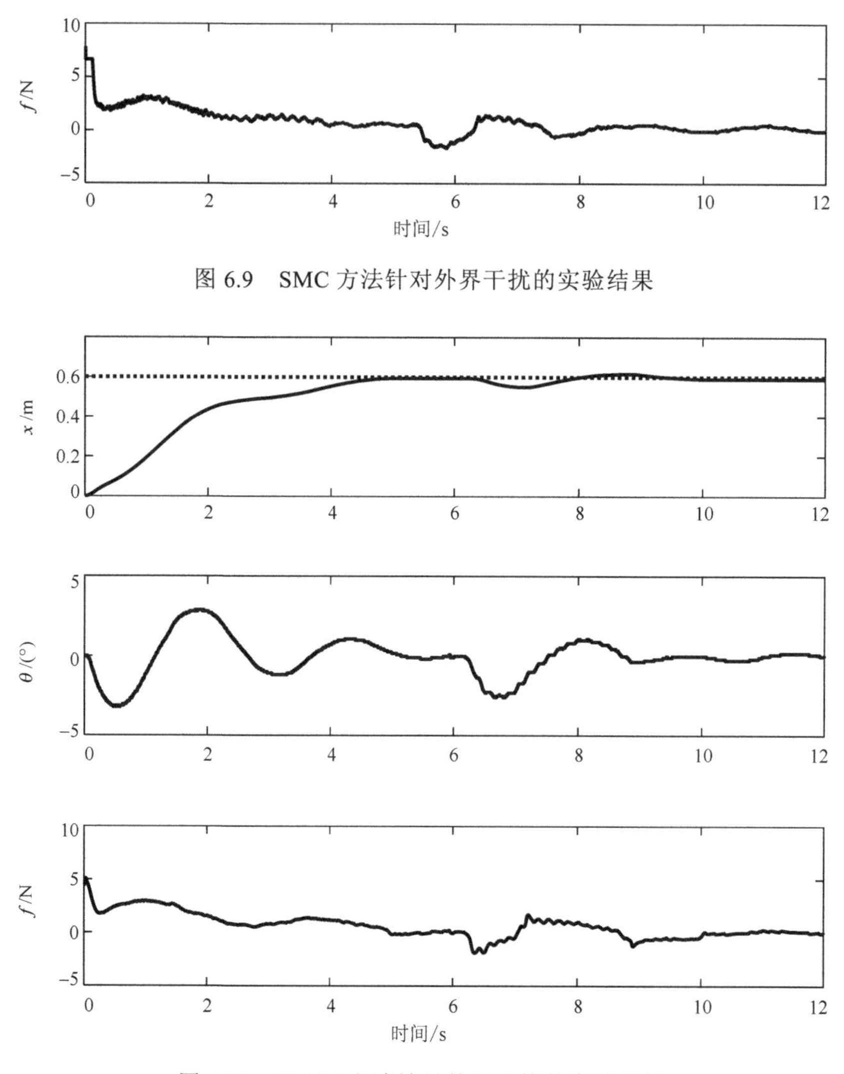

图 6.9　SMC 方法针对外界干扰的实验结果

图 6.10　EEMB 方法针对外界干扰的实验结果

6.6　小　　结

本章基于 Lyapunov 方法提出了一种部分饱和的非线性控制策略，并对其稳定性能进行了分析。该控制器基于一个新型的耦合耗散项以提供闭环系统足够的阻尼，从而大大改善了运输性能。与大多数可用的闭环方法相比，所提控制器具有更简单的结构，并且不包含吊绳长度信息。这使其易于实现，并且对于不同/不确定的吊绳长度鲁棒性极强。此外，还引入了受限函数以确保台车平稳启动。之后，利用 LaSalle 不变集原理证明了闭环系统的稳定性。为了验证所提方法的性能，在仿真之后在桥式吊车实验平台上进行了验证。

参 考 文 献

[1] Ortega R , Spong M W , Gomez-Estern F , et al. Stabilization of a class of underactuated mechanical systems via interconnection and damping assignment[J]. IEEE Transactions on Automatic Control, 2002, 47(8): 1218-1233.

[2] Sarras I , Kazi F , Ortega R , et al. Total energy-shaping IDA-PBC control of the 2D-spidercrane[C]//Proceedings of the 49th IEEE Conference on Decision and Control, CDC 2010, December 15-17, 2010, Atlanta, Georgia, USA. IEEE, 2010.

[3] Lozano R, Fantoni I, Dan J B. Stabilization of the inverted pendulum around its homoclinic orbit[J]. Systems & Control Letters, 2000, 40(3):197-204.

[4] Konstantopoulos G C, Alexandridis A T. Simple energy based controllers with nonlinear coupled-dissipation terms for overhead crane systems[C]//Proceedings of the 48h IEEE Conference on Decision and Control（CDC）held jointly with 2009 28th Chinese Control Conference, 2009.

[5] Ma B, Fang Y, Zhang X. Adaptive tracking control for an overhead crane system[J]. IFAC Proceedings Volumes, 2008, 41(2): 12194-12199.

[6] Fang Y, Dixon W E, Dawson D M, et al. Nonlinear coupling control laws for an underactuated overhead crane system[J]. IEEE/ASME Transactions on Mechatronics, 2003, 8(3): 418-423.

[7] Zhang M, Zhang Y, Chen H, et al. Model-independent PD-SMC method with payload swing suppression for 3D overhead crane systems[J]. Mechanical Systems and Signal Processing, 2019, 129: 381-393.

[8] Sun N, Fang Y. New energy analytical results for the regulation of underactuated overhead cranes: An end-effector motion-based approach[J]. IEEE Transactions on Industrial Electronics, 2012, 59(12): 4723-4734.

[9] Sun N, Fang Y, Sun X, et al. An energy exchanging and dropping-based model-free output feedback crane control method[J]. Mechatronics, 2013, 23(6): 549-558.

第7章 总结与展望

7.1 本书内容总结

桥式吊车的大规模应用使得其控制问题受到机电与控制领域的广泛关注。同时，桥式吊车的欠驱动特性又给研究人员带来了极大挑战。因此，桥式吊车的研究不仅有重要的实际意义，而且具有重要的理论价值。根据桥式吊车系统的研究现状和部分未解决的问题，本书基于非线性控制针对桥式吊车系统的相关控制问题展开了研究，并取得了如下主要研究成果。

(1) 针对运送过程中绳长不变的二维桥式吊车系统，提出了一种增强阻尼的控制方法。利用所引入的阻尼信号，重新改写了系统的动力学模型，并在此基础上设计了一种增强阻尼的控制方法。借助 Lyapunov 方法和 LaSalle 不变形原理对闭环系统的稳定性进行了证明。实验结果表明该方法的控制性能优于已有方法。

(2) 针对运送过程中绳长不变的二维桥式吊车系统，基于分段控制分析提出了一种非线性控制策略。通过分段控制分析的方式为系统逐步建立了一个新的 Lyapunov 函数，并在此基础上进行了控制器设计和相应的稳定性分析。最后，通过仿真和实验测试对其控制效果进行了验证，与已有方法相比，此方法表现出更优越的抗摆和定位性能。

(3) 针对三维桥式吊车系统，提出了一种增强抗摆的跟踪控制律。为了增强闭环系统的抗摆性能，引入了一个抗摆信号。将原系统化为一个由两个子系统组成的互联系统，并提出了一种跟踪控制器。理论分析证明两个子系统和互联系统均为 ISS 的，并且闭环系统关于平衡点是渐近稳定的。实验测试结果表明所提方法表现出良好的跟踪和调节控制性能。

(4) 针对固定绳长的二维桥式吊车系统，基于无源性理论提出了一种增强耦合的控制策略。通过互联与阻尼矩阵分配方法构造一个新的 Lyapunov 函数，并引入了新颖的复合信号。接着，对控制器添加受限函数以保证台车软启动。最后，经仿真与实验验证，该方法抗摆有效，定位快速，并且对不同绳长具有较强的鲁棒性。

(5) 针对未知绳长的二维桥式吊车系统，提出了一种结构简单的非线性控制律。为了提高闭环系统能量的耗散性，构造了一个新颖的储能函数。该储能函数具有期望的惯性矩阵及势能函数。经过严格的理论分析，所提闭环系统渐近稳定于平衡点处。仿真与实验结果验证了所提方法表现出良好的调节控制性能，包括台车定位、负载消摆和应对参数变化和外部干扰。

7.2 研究展望

随着时间的推移及研究的深入，对于桥式吊车自动控制问题的研究已取得了很大的进步。然而，虽然在桥式吊车系统的控制问题上取得了一些研究成果，但是尚有许多问题需要进一步解决和一些难点有待突破。

(1) 摩擦力的在线估计与补偿问题。针对台车与桥架或桥架与导轨之间的摩擦力，本书选择使用前馈补偿的方式对台车与桥架或桥架与导轨之间存在的摩擦力进行补偿，该方法需通过大量实验拟合摩擦力补偿模型的参数。对于不同的桥式吊车系统，摩擦力补偿模型的系数不同，需重新实验以获得摩擦力补偿模型的系数。因此，桥式吊车系统摩擦力的在线估计与补偿问题的研究具有重要的理论意义和应用价值。

(2) 多吊钩单负载或多吊钩多负载的控制问题。针对二维和三维的桥式吊车，本书仅考虑单吊钩单负载的控制问题。然而，在一些情况下(如搬运的货物体积较大、质量分布不均匀)，吊车系统需要多个吊钩作用于单个负载，以保证运送过程中的平稳性和安全性。此外，为了提高吊车系统的工作效率，部分吊车采用多吊钩多负载的工作模式。对于上述情形，系统模型更为复杂，控制器设计更具挑战性。因此，如何解决上述情形的控制问题，值得做进一步的深入研究。

(3) 桥式吊车系统的智能化。目前，机器人技术正在向智能机器和智能系统的方向发展，同样，桥式吊车未来会朝着灵巧化和智能化方向发展。为进一步提高吊车系统的智能和适应性，如何将传感器技术与控制方法结合，实现吊车系统的智能化，是一个值得研究的问题。

(4) 本书所设计方法均是通过仿真或实验平台测试验证，如何将这些方法在实际的工业吊车系统上进行测试、推广和应用，是一个非常具有实际意义的问题。